U0175250

新手入门 家常菜 大全

甘智荣 主编

陕西新华出版传媒集团
陕西旅游出版社

图书在版编目（CIP）数据

新手入门家常菜大全 / 甘智荣主编. — 西安 ： 陕西旅游出版社，2022.5
　　ISBN 978-7-5418-4072-2

　　Ⅰ. ①新… Ⅱ. ①甘… Ⅲ. ①家常菜肴－菜谱 Ⅳ. ①TS972.127

　　中国版本图书馆 CIP 数据核字（2021）第 107737 号

新手入门家常菜大全　　　　　　　　　　　　　　　　甘智荣 主编

责任编辑：贺姗　韩双
出版发行：陕西新华出版传媒集团　陕西旅游出版社
　　　　　（西安市曲江新区登高路 1388 号　邮编：710061）
电　　话：029-85252285
经　　销：全国新华书店
印　　刷：深圳市精彩印联合印务有限公司
开　　本：787mm×1092mm　　1/16
印　　张：14
字　　数：280 千字
版　　次：2022 年 5 月　第 1 版
印　　次：2022 年 5 月　第 1 次印刷
书　　号：ISBN 978-7-5418-4072-2
定　　价：58.00 元

Preface 前言

民以食为天，吃饭是生活中的头等大事，好的饭食让我们身体健康、心情愉悦。而厨房作为烹制食物的重要阵地，在国民家庭生活中一直都占据着举足轻重的地位。如今科技在不断发展，更多的家庭对高品质厨房生活的需求也逐渐提升，烹饪也更加科技化、智能化。

爱美食，爱烹饪美食，厨艺小白与大师之间往往隔着一道鸿沟，缺的不仅仅是大师们的经验和手艺，还有大师们脑海中那一道道伸手即来的菜单。得益于时代大数据的发展和团队历时三年的苦心钻研，我们最终实现了烹调过程的数据化转变，打造出了实操性非常强的应用软件——"掌厨智能菜谱APP"。

通过系统记录上百名大厨在烹饪菜品过程中的用料、手法、火候、用时等信息，将其转换成一份份精准的数据，上传到云端服务器，结合 AI 智能烹饪算法，历经上万次实验还原。在此过程中，工程师会详细记录和分析锅的温度、食物的温度和火力变化，给出最佳温控曲线和最优火力调配方案，确保使用每一道智能菜谱，做出的菜都是大厨级的口感和味道，真正做到在家就能还原大厨的手艺。

基于大众对美食多元化的需求，我们打造了海量菜谱数据库，从中华八大菜系到世界各国美食，从传统菜式到创意网红菜，从宝宝食谱到中老年饮食，从健脾养胃到美容瘦身……"云端菜谱"二十四小时在线，你想做的美味，这里应有尽有。

本书紧跟智能潮流，依托掌厨智能菜谱 APP 及云端互联信息技术，精选出 300 道智能化烹饪食谱，每一道智能菜谱都是大厨的配方，久经测试，完美品控。本书将做菜的烹饪过程进行了分步拆解，同时将专业大厨的做菜手艺"智能化"，再配以精美的图片及视频二维码，为每位想要做菜的使用者提供一种全新的方式。八大菜系任挑任选；常见家常菜式样样手到擒来；汤水甜品营养开胃；网红新品，还能让您紧跟潮流玩出花样；宴客食谱，更能满足日常三餐和特殊节日的美食需求。让"今天晚餐吃什么""想吃'糖醋排骨'但是不知道怎么做"这些问题从此不再是困扰。三餐难题全解决，十年晚餐不重样！

智能化美食，跟着做，不费事，一步一步就能成为烹饪大师，做出大厨级的美味。无论年龄大小，无论厨艺基本功如何，跟着本书学做菜，人人都是大厨。分享美食、传播快乐，原来真的这么简单。

爱在一餐一食，从清晨到深夜，用心烹调美味，用爱温暖人生，我们始终与你相伴。

Contents 目录

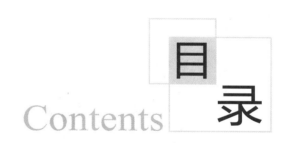

Chapter 1
经典菜肴，品味八大菜系

Chapter 2
温馨家馔，记忆中的味道

Chapter 3
宴客佳肴，餐桌上的温情

Chapter 4
补充能量，主食也有好选择

Chapter 5
餐后美味，甜品与汤水

经典菜肴，
品味八大菜系

麻婆豆腐

🕐 烹饪时间：5分钟

🐟 主料

豆腐300克，肉末100克

🍶 辅料

葱30克，姜10克，蒜10克，小米椒1克，青花椒4克，豆瓣酱15克，水淀粉30毫升，生抽15毫升，食用油45毫升

◆ 大厨有话说

　　豆腐的营养价值与牛奶相近，对因乳糖不耐症而不能喝牛乳，或为了控制慢性病不吃肉禽类的人而言，豆腐是最好的代替品。需注意肉末炒至变色即可，炒得太久肉质会变老变柴，影响口感。

🥢 做法

1 将豆腐切成1厘米大小的小方块；蒜切末；姜去皮，切末；葱洗净，切葱花；小米椒洗净，切圈。

2 锅中倒入600毫升水烧开，放入豆腐，焯水1分钟，捞出沥干。

3 锅中倒入15毫升油烧热，倒入肉末炒变色，盛出。

4 锅中倒入30毫升油烧热，放入蒜末、姜末、小米椒，爆香，倒入青花椒、豆瓣酱，爆香。

5 放入炒好的肉末，拌炒匀，放入豆腐块，拌炒匀，放入生抽，稍微翻炒一下。

6 倒入45毫升水，煮开，倒入水淀粉勾芡，放入葱花，稍微翻炒即可。

回锅肉

🕐 烹饪时间：8分钟

🐟 主料

二刀肉200克，蒜苗50克，洋葱50克，青尖椒50克，红尖椒50克

🍶 辅料

大葱20克，姜20克，蒜10克，红泡椒10克，豆豉酱3克，豆瓣酱5克，蚝油3克，花椒油5毫升，红油5毫升，生抽3毫升，香醋5毫升，料酒15毫升，食用油15毫升

> • 大厨有话说
>
> 用手掂一掂、捏一捏辣椒，分量沉而且不软的就是新鲜的、好的辣椒。

🔪 做法

1. 蒜苗切小斜段；大葱切段；姜切片；蒜切片；红泡椒切瓣；洋葱切菱形片；青、红尖椒切菱形片，备用。

2. 锅中倒入冷水，放入二刀肉、大葱段、10克姜片、料酒，煮30分钟，捞出放入冷水中浸泡2分钟，再捞出沥干，切成2毫米左右的薄片，备用。

3. 锅中倒油烧热，放入猪肉片，中火炒至出油，放入豆瓣酱、豆豉酱，小火炒出红油。

4. 放入10克姜片、蒜片、红泡椒、洋葱，中火翻炒均匀，放入蚝油、生抽、香醋，炒匀，放入蒜苗、青尖椒、红尖椒，快速炒匀，淋入花椒油、红油，炒匀即可。

鱼香肉丝

🕐 烹饪时间：5分钟

🐟 主料

瘦肉200克，胡萝卜40克，水发木耳30克，青椒20克，小米椒7克（3个）

🍶 辅料

姜4克，蒜15克，豆瓣酱10克，盐2克，水淀粉30毫升，料酒10毫升，生抽5毫升，陈醋3毫升，食用油315毫升

• 大厨有话说

　　猪肉含有蛋白质、脂肪、碳水化合物、磷、钙、铁、维生素 B_1、维生素 B_2、烟酸等成分，具有滋阴润燥、补虚养血的功效，对消渴羸瘦、热病伤津、便秘、燥咳等病症有食疗作用。

🐟 做法

1 将水发木耳、胡萝卜、瘦肉、青椒洗净，切丝；小米椒洗净，切圈；姜切丝；蒜切片。

2 将肉丝装入碗中，加入1克盐，再倒入15毫升水淀粉、15毫升食用油拌匀，腌制10分钟入味。

3 锅中注水烧开，倒入胡萝卜、木耳煮1分钟，捞出。

4 锅中倒入300毫升油烧热，放入肉丝滑油，捞出。

5 锅中留15毫升底油烧热，倒入蒜片、姜丝、小米椒，大火爆香，倒入胡萝卜、木耳炒匀，倒入肉丝、青椒丝，加料酒，拌炒匀。

6 加入1克盐、生抽、豆瓣酱、陈醋，炒匀，加入15毫升水淀粉，快速炒匀即可。

咸烧白

🕐 烹饪时间：1小时23分钟

🐟 **主料**

五花肉500克，梅干菜200克

🍶 **辅料**

大葱20克，姜10克，蒜10克，八角1克，白糖5克，盐2克，蚝油5克，生抽15毫升，老抽10毫升，料酒15毫升，食用油100毫升

> **• 大厨有话说**

　　炸五花肉的时候，需时不时打开锅盖观察肉皮有没有糊。一定要炸至肉皮起泡，成品才会有褶皱。

🐟 **做法**

1 将五花肉切成5厘米的长块；梅干菜洗净，切末；大葱洗净，切小段；姜切末；蒜切末；再取一空碗，倒入5毫升生抽、5毫升老抽、蚝油、白糖、盐，调成味汁，备用。

2 锅中倒入冷水，放入五花肉块、料酒、八角，小火炖煮90分钟后捞出沥干，用叉子在其肉皮上扎满小孔，再用10毫升生抽、5毫升老抽抹匀，备用。

3 锅中倒入100毫升油烧热，肉皮朝下放入五花肉，迅速盖上锅盖，炸至肉皮表面起泡，盛出，切成0.5厘米的厚片，装碗；锅中留45毫升底油加热，放入大葱段、姜末、蒜末，大火爆香，放入梅干菜，炒匀，盛出梅干菜，铺在五花肉片之上，再淋入调好的味汁。

4 锅中加水，放入蒸架，放上装有五花肉的蒸碗，盖上一个盘子，再盖上锅盖，蒸1小时，取出蒸碗，将其倒扣入盘子中即可。

东坡肘子

🕐 烹饪时间：1小时 51分钟

🐟 主料

猪肘子800克

🧴 辅料

大葱20克，小葱10克，姜10克，花椒2克，白糖5克，盐2克，五香粉1克，水淀粉15毫升，白醋15毫升，生抽15毫升，老抽5毫升，食用油15毫升

• 大厨有话说 ▷

猪肘含有蛋白质、脂肪、钾、钙、磷、碳水化合物等成分，营养丰富。

🥄 做法

1 猪肘子洗净，备用；大葱切段；小葱切葱花；姜切片。

2 锅中倒入2000毫升水，放入猪肘子，加入大葱段、姜片、花椒，盖上锅盖，炖煮80分钟。

3 盛出猪肘子，装入盘中，准备蒸制。

4 锅中倒入清水，放上装有猪肘子的蒸盘，蒸20分钟至猪蹄软糯，取出。

5 锅中倒入150毫升水、300毫升蒸肘子的原汤，放入白糖、盐、五香粉、白醋、生抽、老抽，煮至沸腾，加入水淀粉15毫升勾芡。

6 放入蒸好的猪肘子，不断浇汁，直至汤汁浓稠地挂在肘子上为止，撒入葱花即可。

毛血旺

🕐 烹饪时间：21分钟

🐟 主料

熟牛肚150克，鱿鱼100克，鸭血100克，火腿肠100克，黄豆芽40克，宽粉30克，竹笋20克，白芝麻2克

🫙 辅料

葱10克，姜20克，蒜20克，花椒7克，红泡椒2克，干辣椒4克，豆瓣酱45克，白糖5克，盐5克，鸡粉2克，胡椒粉1克，生抽10毫升，红油30毫升，料酒30毫升，食用油75毫升

🐟 做法

1 宽粉泡发；鱿鱼剥皮，切圈；鸭血、火腿肠、竹笋切片；葱切葱花；姜、蒜去皮，10克切片，10克切末；红泡椒切末；牛肚切条；豆芽去根。

2 锅中倒水，放入黄豆芽，焯水30秒，捞出；放入竹笋，再放3克盐，焯水2分钟后捞出；再放入牛肚，焯水10分钟后捞出；另取锅倒水，放入鱿鱼圈，加入15毫升料酒，焯水2分钟后捞出；放入鸭血，焯水2分钟后捞出。

3 锅烧热，倒入30毫升油烧热，放入5克花椒、2克干辣椒、姜片、蒜片炒香，放入豆瓣酱、泡椒，翻炒出红油，倒入1000毫升水煮沸，再放入2克盐、鸡粉、胡椒粉、白糖、生抽、15毫升料酒炖煮，放入竹笋，煮软后加入黄豆芽、鸭血、鱿鱼、牛肚和火腿肠，炖煮一会儿。

4 放入宽粉，炖煮片刻，捞入碗中，倒入适量原汤，撒上姜末、蒜末、葱花、2克干辣椒、2克花椒；再开火，锅中倒入食用油45毫升、红油烧热，浇入碗中，再撒上白芝麻即可。

夫妻肺片

🕐 烹饪时间：1小时18分钟

🐟 主料

牛腱子肉300克，牛肚100克，牛舌100克，牛心100克，香菜10克，熟白芝麻2克

🍶 辅料

大葱50克，姜10克，花椒2克，桂皮8克，八角2克，香叶0.4克，草果4克，盐5克，二荆条辣椒面50克，朝天椒辣椒面50克，老抽15毫升，料酒50毫升，食用油300毫升

🐟 做法

1 牛腱子肉洗净；牛肚、牛舌、牛心洗净；香菜洗净，切碎；大葱切段；姜切片。

2 取一空碗，倒入二荆条辣椒面、朝天椒辣椒面、4克桂皮、0.2克香叶、2克草果，调成海椒面，备用。

3 锅中倒入水，放入牛腱子肉、牛肚、牛舌、牛心，盖上锅盖，煮至沸腾，揭盖，放入30克大葱、花椒、4克桂皮、盐、八角、0.2克香叶、2克草果，倒入老抽、料酒，盖上锅盖，继续炖煮1小时，盛出牛肚、牛舌、牛心、牛腱子肉，切成薄片，整齐地摆入碗中，再扣上一个盘子，倒扣过来，浇上一勺卤汤，备用。

4 锅中倒油烧热，放入20克大葱段、姜片爆香，捞出大葱段和姜片，将油稍放凉，取80毫升淋入备好的海椒面中，再开火，将锅中的油加热，取热油60毫升淋入备好的海椒面中，将锅中的油再次加热，将剩余的热油全部淋入备好的海椒面中，制成红油，将红油浇到码好的碟子里，最后撒入熟白芝麻、香菜碎即可。

辣子鸡

🕐 烹饪时间：13分钟

🐟 主料

鸡肉500克，小米椒15克，熟白芝麻1克

🍶 辅料

姜10克，蒜10克，干辣椒段20克，花椒10克，盐2克，蚝油10克，藤椒油5毫升，水淀粉5毫升，生抽10毫升，料酒10毫升，食用油700毫升

• 大厨有话说 ▷

鸡肉富含蛋白质、脂肪、碳水化合物、维生素 B_1、维生素 B_2、烟酸、钙、磷、铁、钾、钠、氯、硫等成分，营养丰富。

🥄 做法

1 鸡肉洗净，斩小块；小米椒切圈；姜切片；蒜切片。

2 鸡块加料酒、1克盐、蚝油、水淀粉，拌匀腌制30分钟入味。

3 锅中倒入油烧热，倒入鸡块，炸至表面微微变黄。

4 将鸡块捞出放置一旁，等待油温再次升高，再次将鸡块放入锅中，复炸至焦黄香脆，捞出鸡块沥干油。

5 锅底留30毫升油烧热，放入姜片、蒜片、干辣椒段、小米椒、花椒炒香，放入鸡块翻炒均匀。

6 再放入藤椒油，翻炒至鸡块熟透，放入1克盐、生抽拌匀，盛出，撒上熟白芝麻即可。

川菜

宫保鸡丁

🕐 烹饪时间：6分钟

🐟 **主料** —————

鸡胸肉250克，黄瓜70克，胡萝卜50克，油炸花生米50克

🍶 **辅料** —————

姜10克，蒜10克，干辣椒段5克，花椒2克，盐2克，白糖3克，胡椒粉1克，生粉2克，蚝油10克，生抽10毫升，料酒15毫升，香醋15毫升，食用油30毫升

• **大厨有话说**〉

鸡肉很容易被人体吸收，有增强体力、强壮身体的作用。

🐟 **做法** —————

1 鸡胸肉、黄瓜、胡萝卜切丁；姜、蒜切末。

2 鸡胸肉装碗，放入1克盐、胡椒粉、生粉、料酒，拌匀腌制10分钟。

3 取一空碗，放入1克盐、白糖、生抽、香醋、蚝油，调成酱汁备用。

4 锅中倒入15毫升食用油烧热，放入腌制好的鸡肉丁，翻炒至变色，盛出鸡肉丁，控油备用。

5 锅中倒入15毫升油烧热，放入干辣椒段、姜末、蒜末、花椒，爆香，放入胡萝卜丁，翻炒至断生。

6 放入鸡胸肉、调好的酱汁，翻炒入味，放入黄瓜丁、油炸花生米，翻炒均匀，盛出装盘即可。

水煮鱼

🕐 烹饪时间：20分钟

🐟 **主料**

草鱼350克，莴笋120克，酸笋90克，黄豆芽100克，豆腐皮50克

🍶 **辅料**

蛋清30克，熟白芝麻1克，葱10克，姜20克，蒜瓣45克，豆瓣酱30克，干辣椒段20克，花椒5克，盐2克，生粉10克，白糖3克，鸡粉3克，红油30毫升，料酒15毫升，食用油105毫升

• **大厨有话说**

　　鱼肉下锅后，煮的时间不宜过长，煮太久肉质变老影响口感，待其煮至变色后就可捞出。

🐟 **做法**

1　草鱼切头、去骨，鱼肉片成薄片；豆腐皮切小片；莴笋洗净，切菱形片；酸笋切段；葱切葱花；姜去皮，切片；蒜瓣拍扁；黄豆芽择去根部，洗净；取一容器，放入鱼片、生粉、1克鸡粉、1克白糖、蛋清、料酒，拌匀，加入15毫升食用油，拌匀，腌制30分钟。

2　锅中倒入800毫升水烧开，放入莴笋、酸笋、黄豆芽、豆腐皮，拌匀，焯煮至熟，捞出食材，沥干备用。

3　锅中倒入45毫升油烧热，放入姜片、蒜瓣、3克花椒、10克干辣椒段，翻炒出香味，放入豆瓣酱，炒出红油，放入鱼头和鱼骨，倒入700毫升热水，加入盐、2克白糖、2克鸡粉，倒入焯过水的蔬菜，炖煮出鱼香味，捞出鱼头、鱼骨和蔬菜，装入碗中，然后将鱼片倒入锅中，迅速用筷子滑散鱼片，煮至鱼片变色熟透，连汤汁一起盛入装有鱼骨和蔬菜的碗中，撒上10克干辣椒段、2克花椒、葱花。

4　锅中倒入45毫升食用油、红油烧热，盛出，趁热浇入碗中，再撒上熟白芝麻即可享用美味。

油爆双脆

🕐 烹饪时间：9分钟

🐟 主料

鸡胗200克，熟猪肚150克，黄瓜30克，胡萝卜30克，黄彩椒30克

🫙 辅料

大葱10克，蒜10克，盐1克，生粉5克，生抽15毫升，料酒10毫升，食用油600毫升

◀ 大厨有话说 ▶

　　新鲜的鸡胗富有弹性和光泽，外表呈红色或紫红色，质地坚而厚实；不新鲜的鸡胗呈黑红色，无弹性和光泽，肉质松软，不宜购买。

🐟 做法

1 鸡胗先切斜花刀，再切成3厘长的小片；猪肚切小段；黄瓜切薄片；黄彩椒切丝；胡萝卜切小片；大葱切末；蒜切末。

2 鸡胗装碗，加入生粉、料酒，抓匀，腌制15分钟。

3 锅中倒油烧热，放入鸡胗，大火炸制30秒，捞出，控油。

4 锅底留15毫升油加热，放入大葱末、蒜末，大火爆香，放入黄瓜、胡萝卜、黄彩椒，继续翻炒。

5 放入鸡胗、猪肚，翻炒片刻。

6 加入盐、生抽，炒匀即可。

四喜丸子

🕐 烹饪时间：32分钟

鲁菜

🐟 **主料** ————————

五花肉300克，蛋清30克

🫙 **辅料** ————————

大葱20克，小葱10克，姜20克，八角1克，盐1克，鸡粉2克，蚝油15克，生粉15克，水淀粉45毫升，生抽10毫升，老抽2毫升，料酒5毫升，食用油800毫升

• **大厨有话说** ＞

　　煮丸子时，不时翻动可使其入味均匀。

🐟 **做法** ————————

1 五花肉先切薄片，再剁成肉末；大葱切末；小葱切葱花；姜去皮，10克切末，10克切片；将肉末装碗，加入姜末、大葱末、料酒、盐、5克蚝油、鸡粉、蛋清、生粉，搅打至上劲后，分为4个均等的部分（每个约重75克），分别搓圆，装盘备用。

2 锅中倒油烧热，放入制作好的肉丸，中火炸至定型，盛出肉丸，装盘备用。

3 锅中留15毫升底油加热，放入姜片、八角，爆香，加入10克蚝油、生抽、老抽，再倒入500毫升水，放入炸过的肉丸，盖上锅盖，小火煮20分钟至熟透入味，揭盖，盛出肉丸。

4 夹出锅中的底料，再往锅中淋入水淀粉，炒匀芡汁，淋在肉丸上，撒入葱花即可。

德州扒鸡

🕐 烹饪时间：1小时10分钟

🐟 主料

三黄鸡1只（600克）

🍶 辅料

沙姜10克，甘草1克，豆蔻1克，八角2克，香叶0.2克，桂皮3克，花椒2克，草果2克，茴香1克，盐120克，白糖20克，鸡粉30克，麦芽糖40克，卤汁300毫升，食用油1050毫升

◁ 大厨有话说 ▷

　　新鲜的鸡肉肉质紧密，肉的颜色呈干净的粉红色且有光泽，鸡皮呈米色，并有光泽和张力，毛囊突出。鸡肉较容易变质，购买后要马上放进冰箱。

🍖 做法

1 三黄鸡处理干净，把两只鸡腿塞进鸡肚子，鸡翅从鸡嘴里穿出，做好造型备用。

2 锅中倒入20毫升油烧热，放入沙姜、甘草、豆蔻、八角、香叶、桂皮、草果、花椒、茴香，大火炒出香味，倒入1500毫升水、卤汁，煮至沸腾，放入三黄鸡，盖上锅盖，小火煮45分钟，捞出。

3 锅烧热，加入30毫升油、麦芽糖、500毫升水，大火煮至麦芽糖溶化，放入三黄鸡，待鸡身表面均匀裹上糖浆后盛出。

4 锅中倒入1000毫升油烧热，放入三黄鸡，偶尔翻面，大火炸约4分钟至表面脆香，捞出即可。

黄焖鸡

🕐 烹饪时间：30分钟

🐟 主料

鸡大腿400克，土豆250克，红椒20克，青椒20克，干香菇5克

🍶 辅料

大葱30克，小葱5克，蒜20克，姜6克，干辣椒段2克，冰糖10克，盐2克，生抽15毫升，老抽10毫升，料酒15毫升，食用油30毫升

> • 大厨有话说

在黄焖鸡当中加入香菇会让鸡肉变得更加鲜美。因为香菇被炖熟了之后会释放一种叫作鸟苷酸的物质，它能给鸡肉提鲜。

🥄 做法

1 取一容器，倒入温水，放入干香菇，泡开。

2 将鸡大腿洗净，剁小块；土豆去皮，切滚刀块；青、红椒洗净，切块；香菇切块；大葱洗净，切段；姜、蒜去皮，切片；小葱洗净，切葱花。

3 锅中倒油烧热，放入大葱段、姜片、干辣椒，大火爆香，放入鸡块，翻炒至鸡皮焦黄。

4 放入料酒、生抽、老抽，翻炒均匀，放入香菇块、土豆块，炒匀，再加入400毫升水、冰糖。

5 盖上锅盖，小火炖煮25分钟，揭盖。

6 放入青椒、红椒，加入盐、蒜片，炒匀，关火，撒入葱花即可。

醋椒鱼

🕐 烹饪时间：24分钟

🐟 **主料** ━━━━

鲳鱼450克（1条），红椒50克

🍶 **辅料** ━━━━

香菜10克，葱10克，姜10克，鸡粉4克，盐6克，白胡椒粉8克，白醋50毫升，料酒15毫升，食用油15毫升

• 大厨有话说 〉

　　鲳鱼是一种身体扁平的海鱼，因其刺少肉嫩，故很受人们喜爱。新鲜的鲳鱼鳞片完整、紧贴鱼身，鱼体坚挺、有光泽，眼球饱满、角膜透明，鳃丝呈紫红色或红色、清晰明亮。雌鱼比较大，肉厚。

🐟 **做法** ━━━━

1 净鲳鱼两面切上一字花刀；红椒切条；香菜切段；葱切段；姜切片。

2 锅中倒油烧热，放入姜片、葱段，炒香。

3 倒入料酒、白醋、2500毫升水，煮至沸腾。

4 放入净鲳鱼，煮至鱼肉熟软。

5 加入盐、鸡粉、白胡椒粉，炒匀。

6 放入红椒条，煮至熟软，撒入香菜段即可。

糖醋鲤鱼

🕐 烹饪时间：17分钟

🐟 **主料** ───────────

鲤鱼1条

🧂 **辅料** ───────────

葱20克，姜10克，蒜10克，番茄酱30克，白糖30克，盐2克，胡椒粉2克，生粉40克，面粉60克，白醋45毫升，生抽15毫升，料酒30毫升，食用油1000毫升

> • **大厨有话说** >
>
> 　　鲤鱼体呈纺锤形、青黄色，最好的鱼游在水的下层，呼吸时鳃盖起伏均匀。

鲁菜

🐟 **做法** ───────────

1 将鲤鱼处理好，在鱼身两面分别切数道花刀；葱洗净，葱白切段，葱叶切葱花；姜去皮，切丝；蒜去皮，切片。

2 取一容器，放入鲤鱼，倒入胡椒粉、盐、15毫升料酒，抹匀，腌制30分钟；再取一容器，放入生抽、白糖、白醋、15毫升料酒、番茄酱、100毫升水，调成糖醋汁，待用。

3 另取一容器，放入生粉、面粉，加入100毫升水，拌匀成糊，均匀抹在腌好的鱼身上；锅中倒油烧热，提着鱼头、鱼尾，先将鱼身入油锅，用中火稍微炸制一会儿，待面糊凝固之后慢慢将鱼滑入锅内，炸至金黄色，捞出。

4 锅底留15毫升油烧热，放入葱白段、姜丝、蒜片，大火爆香，倒入调好的糖醋汁，中火烧开，倒在鱼身上，撒上葱花即可。

经典
油焖大虾

🕐 烹饪时间：6分钟

🐟 **主料**

基围虾250克

🍶 **辅料**

葱10克，姜10克，蒜10克，白糖10克，米醋5毫升，生抽15毫升，料酒15毫升，食用油30毫升

▸ **大厨有话说** ◂

　　新鲜的虾体形完整，呈青绿色，外壳硬实、发亮，头、体紧紧相连，肉质细嫩，有弹性、有光泽。将虾的沙肠挑出，剥除虾壳，然后洒上少许酒，控干水分，再放进冰箱冷冻。

🐟 **做法**

1 基围虾剪须、虾腿、虾枪，挑出虾线；葱洗净，切段；姜去皮，切片；蒜去皮，切片。

2 取一容器，放入生抽、白糖、米醋、料酒，加入100毫升水，调成料汁，备用。

3 锅中倒油烧热，放入葱段、姜片、蒜片，大火爆香，放入基围虾，炒至虾全部变红。

4 倒入事先调好的料汁，快速翻炒并煮3分钟至入味即可。

扒原壳鲍鱼

🕐 烹饪时间：19分钟

🐟 **主料** ━━━━━━━

鲍鱼450克，上海青150克

🍶 **辅料** ━━━━━━━

葱10克，姜10克，盐3克，白糖4.5克，蚝油30克，老抽5毫升，鸡粉3克，鲍汁23毫升，水淀粉30毫升，料酒15毫升，食用油25毫升

> **● 大厨有话说** ⟩

　　选购鲍鱼时要看形状，鲍鱼要像元宝，鲍鱼边有密密麻麻的水泡粒状肌肉，越密越好。

鲁菜

🐟 **做法** ━━━━━━━━━━━━━━━━━━━━━━━━━

1 鲍鱼取肉，洗净后切十字花刀，鲍鱼壳刷洗干净；上海青洗净，掰成小颗；葱切段；姜切片。

2 锅中倒入水烧开，倒10毫升油，加1克鸡粉、2克盐、1克白糖，放入上海青，煮1分钟后捞出；将鲍鱼壳放入水中，煮1分钟后捞出装盘。

3 锅中倒入15毫升油烧热，放入葱段、姜片，爆香，倒入200毫升水、料酒、1克盐、1克鸡粉、2克白糖、15克蚝油、15毫升鲍汁，拌匀，放入鲍鱼，盖上锅盖，小火煨10分钟，揭盖，捞出鲍鱼，装入鲍鱼壳中。

4 锅中倒入150毫升水，加入1克鸡粉、1.5克白糖、15克蚝油、8毫升鲍汁、5毫升老抽拌匀，煮沸，加入水淀粉勾芡，淋在鲍鱼上即可。

白扒四宝

🕐 烹饪时间：17分钟

🐟 主料

鸡胸肉200克，净鲍鱼肉150克，鲜鱼肚100克，龙须菜100克，蛋清20克

🍶 辅料

大葱10克，白糖1.5克，盐2克，鸡粉2克，水淀粉20毫升，食用油600毫升，奶汤400毫升

🍴 做法

1 鸡胸肉切大薄片；鱼肚切薄片；龙须菜去根；大葱切斜段；鸡胸肉装碗，加入1克盐、1克鸡粉、10毫升水淀粉、蛋清，抓匀，腌制15分钟。

2 锅中倒水烧开，放入鱼肚，焯水3分钟，捞出。

3 锅中倒水烧开，放入鲍鱼肉，煮至熟透，捞出。

4 锅中倒水烧开，放入龙须菜，焯至断生，捞出。

5 锅中倒油烧热，放入鸡胸肉，大火滑油至熟透，盛出。

6 锅底留15毫升油加热，放入大葱段，爆香，加入奶汤、白糖、1克盐、1克鸡粉，煮沸，捞出大葱段，放入鲍鱼、鸡胸肉，中火煮3分钟，放入鱼肚，煮5分钟，放入10毫升水淀粉勾芡即可。

• 大厨有话说 ▷

新鲜的鸡胸肉肉质紧密，有轻微弹性，而不新鲜的鸡胸肉摸起来比较软，没有弹性，甚至还会留下比较明显的手指摸过的痕迹。此外，新鲜的鸡胸肉呈干净的粉红色且具有光泽。

葱烧海参

🕐 烹饪时间：12分钟

🐟 主料
水发海参100克，西兰花200克

🍶 辅料
大葱200克，盐6克，鸡粉2克，白糖1克，冰糖2克，蚝油4克，生抽5毫升，老抽2毫升，料酒10毫升，水淀粉10毫升，食用油60毫升

● 大厨有话说
　　海参含有丰富的微量元素，尤其是钙、钒、钠、硒、镁含量较高，这些元素都可以参与血液中铁的运输，增强造血能力。此外，海参中还富含合成人体胶原蛋白的主要原料，含有长寿因子、抗老因子，具有延年益寿、消除疲劳，预防皮肤衰老等功效。

🐟 做法

1 海参对半切开，再切成小段；大葱切斜段；西兰花切小朵。

2 锅中倒水烧开，放入海参、料酒，焯水2分钟，捞出沥干备用；锅中倒水烧开，放入盐、鸡粉、白糖、西兰花，煮3分钟，熟透捞出，装盘备用。

3 锅中倒入45毫升油烧热，放入一半大葱段，煎至大葱表面微微呈焦褐色，捞出。

4 锅中倒入15毫升油烧热，放入蚝油、生抽、老抽、冰糖、150毫升清水，中火烧开，放入海参，盖上锅盖，焖煮2分钟，揭盖，放入全部大葱，继续焖煮入味，加入水淀粉勾芡，盛出装入西兰花的盘中即可。

灯笼茄子

🕐 烹饪时间：9分钟

🐟 **主料**

茄子200克，五花肉100克

🍾 **辅料**

盐2克，鸡粉3克，白糖5克，生粉50克，番茄酱40克，水淀粉15毫升，食用油600毫升

> • **大厨有话说**

　　茄子含有维生素E，有防止出血和抗衰老功能，常吃茄子，可使血液中胆固醇的水平不致增高，对延缓人体衰老具有积极的作用。

🐟 **做法**

1. 茄子去皮，对半开，切成蓑衣刀；五花肉切末。

2. 肉末装碗，加入盐、鸡粉，调成肉馅，酿入茄子中，再裹匀生粉。

3. 锅中倒油烧热，放入茄子，大火炸至茄子表面金黄，捞出茄子，控油沥干。

4. 锅底留15毫升油加热，放入白糖、番茄酱，再倒入80毫升水，炒匀，煮沸，倒入水淀粉勾芡，浇在茄子上即可。

荔枝肉

🕐 烹饪时间：14分钟

🐟 主料

梅头肉200克，菠萝50克，鸡蛋50克，荔枝100克，青彩椒50克，红彩椒50克

🍶 辅料

蒜10克，番茄酱50克，白糖20克，盐3克，生抽10毫升，生粉20克，白醋15毫升，食用油700毫升

🐟 做法

1 将梅头肉先切成2.5厘米的厚片，再切成2.5厘米的小立方体；菠萝切成四瓣，去芯，切块；荔枝去壳去核；青、红彩椒去籽，切菱形片；蒜切片。

2 梅头肉装碗，打入鸡蛋，加入生抽、1克盐拌匀，腌制10分钟，放入生粉，裹匀，备用。

3 取一空碗，加入300毫升水、2克盐，再放入菠萝，浸泡3分钟，捞出沥干，备用；另取一空碗，加入番茄酱、白醋、白糖、50毫升水，拌匀成味汁，备用。

4 锅中倒油烧热，放入梅头肉，大火炸至金黄，盛出，再放入青彩椒、红彩椒，快速过油，盛出，留30毫升底油加热，放入蒜片，大火爆香，放入菠萝，炒出香味，放入调好的味汁，再加入梅头肉、青彩椒、红彩椒、荔枝，翻炒均匀即可。

煎南肝

🕐 烹饪时间：6分钟

🐟 主料

猪肝300克，胡萝卜100克

🍶 辅料

葱10克，姜10克，蒜15克，白糖10克，盐1克，鸡粉1克，胡椒粉1克，生粉10克，水淀粉10毫升，陈醋10毫升，生抽10毫升，料酒10毫升，香油5毫升，食用油55毫升

• 大厨有话说

　　猪肝含有蛋白质、脂肪、维生素A、B族维生素等，经常食用可预防眼睛干涩、疲劳，可调节和改善贫血病人造血系统的生理功能，还能帮助去除机体中的一些有毒成分。

🍗 做法

1. 猪肝洗净，切片；胡萝卜切菱形片；葱切葱花；姜去皮，切末；蒜切末，备用。

2. 猪肝装碗，加入盐、鸡粉、胡椒粉、生粉、10毫升食用油，拌匀腌制。

3. 取一空碗，加入白糖、陈醋、10毫升料酒、生抽、水淀粉、香油，拌成调味汁备用。

4. 锅中注水烧开，放入胡萝卜，焯水3分钟，捞出。

5. 锅中倒入30毫升油烧热，放入猪肝，中火煎至一面焦黄，翻面，将另一面继续煎至焦黄，盛出。

6. 锅中倒入15毫升油烧热，放入姜末、蒜末，爆香，放入胡萝卜，中火翻炒均匀，放入调好的味汁、猪肝，翻炒均匀，撒上葱花即可。

鸡蓉金笋丝

🕐 烹饪时间：8分钟

🐟 主料 ————

鸡蛋150克，鸡胸肉30克，冬笋30克，肥肉末30克

🍶 辅料 ————

白糖1克，盐11克，鸡粉1克，水淀粉15毫升，食用油60毫升

• 大厨有话说

　　靠近笋尖的地方宜顺切，下部宜横切，这样烹制时不但易熟烂，而且更容易入味。

闽菜

🐟 做法 ————

1 冬笋切薄片，再切成丝；鸡胸肉剁末。

2 取一空碗，打入鸡蛋，加入鸡肉末、肥肉末，加入白糖、1克盐、鸡粉、水淀粉，拌匀，备用。

3 锅中倒入水，加入10克盐，大火烧开，放入冬笋丝，焯水至熟，盛入装有鸡蛋和肉末的碗中，拌匀。

4 锅中倒油烧热，放入拌匀的笋丝鸡蓉糊，继续翻炒，盛出装盘即可。

福州鱼丸

🕐 烹饪时间：9分钟

🐟 主料

草鱼250克，蛋清30克，紫菜1克，虾皮0.5克

🍶 辅料

葱10克，姜10克，白糖2克，胡椒粉1.5克，盐3克，鸡粉2克，生粉30克，姜汁10毫升，食用油30毫升

◆ 大厨有话说 ▷

　　草鱼含有丰富的不饱和脂肪酸，对血液循环有利，是对心血管病人有益的食物。此外，草鱼含有丰富的硒元素，经常食用有抗衰老、养颜的功效，而且对肿瘤也有一定的预防作用。

🐟 做法

1. 草鱼洗净，去刺，先切片，再剁成末；紫菜切小片；虾皮洗净，备用；葱切葱花；姜切片。

2. 将鱼肉末装碗，加入1克盐、1克白糖、0.5克胡椒粉、30毫升水、10毫升油、生粉、姜汁、蛋清，搅拌至糊状。

3. 锅中倒入20毫升油加热，放入虾皮翻炒几下，倒入700毫升水，加入姜片、2克盐、1克白糖、鸡粉、1克胡椒粉，煮沸。

4. 用拇指与食指挤出鱼丸，用勺子舀入锅中，中火煮至浮起，放入紫菜，大火继续煮至沸腾，撒入葱花即可。

海蛎煎

🕐 烹饪时间：3分钟

🐟 **主料** ——————

牡蛎肉60克，鸡蛋100克，香菜10克

🍶 **辅料** ——————

姜5克，盐0.5克，白糖0.5克，鸡粉0.5克，水淀粉15毫升，食用油20毫升

▷ **大厨有话说** ▷

　　牡蛎中所含的牛磺酸、DHA、EPA及多种维生素，可促进智力发育、稳定情绪，也可以使皮肤光润。另外，牡蛎富含核酸，核酸在蛋白质合成中起重要作用，能延缓皮肤老化，减少皱纹的形成。

🐟 **做法** ——————

1 牡蛎装碗，加入水洗净，捞出沥干，切小块，备用；香菜切小段；姜切末。

2 取一空碗，打入鸡蛋，加入盐、白糖、鸡粉，再放入香菜、姜末、牡蛎肉，拌匀，备用。

3 再加入水淀粉，拌匀，备用。

4 锅中倒油烧热，放入主料，摊平，煎至一面焦黄，翻面，将另一面也煎至金黄，盛出装盘即可。

鸡汤汆花甲王

🕐 烹饪时间：56分钟

🐟 **主料**
鸡肉400克，花甲120克，竹荪5克

🍶 **辅料**
葱5克，姜10克，白糖1克，盐3克，鸡粉1.5克

▸ **大厨有话说**

选购竹荪时应尽量挑形状完整、菌裙摆较长，而且色泽金黄的。过白的竹荪是用硫黄熏制的，对身体有害。

🍴 **做法**

1 花甲装碗，加入2克盐、300毫升水，浸泡吐沙。

2 鸡肉洗净；姜去皮，切片；葱切葱花；竹荪去除根部，洗净备用。

3 锅中倒入冷水，放入鸡肉，焯水2分钟，捞出。

4 将鸡肉装入炖盅，倒入500毫升水，加入姜片，放入1克盐、白糖、鸡粉，拌匀，备用。

5 锅中倒入1500毫升水，放上蒸架，放上装有鸡肉的炖盅，盖上锅盖，小火隔水炖至鸡肉熟透，揭盖，取出炖盅。

6 将盅内的食材及汤汁一起倒入锅中，煮至沸腾，放入花甲，大火煮至花甲熟透，再放入竹荪，煮至竹荪熟透即可。

淡糟香螺片

🕐 烹饪时间：3分钟

🐟 **主料**

香螺400克，西芹80克，红酒糟15克

🫙 **辅料**

白糖4克，盐4克，料酒20毫升，水淀粉10毫升，食用油15毫升

• 大厨有话说

新鲜的螺个大、体圆、壳薄、掩盖完整收缩。挑选时用小指尖往掩盖上轻轻压一下，有弹性的就是活螺。

🐟 **做法**

1 香螺肉洗净，切薄片；西芹切斜段。

2 锅中倒入600毫升水，加入10毫升料酒，放入香螺片，焯水10秒至六成熟，捞出沥干，备用；锅中倒入500毫升水，加入5毫升食用油、2克盐、2克白糖，倒入西芹，焯煮熟透捞出沥干，码入盘中，备用。

3 锅中倒入油烧热，放入红酒糟，小火炒匀，倒入30毫升水、10毫升料酒，煮出糟汁，加入2克白糖、2克盐，炒匀。

4 放入螺片，大火翻炒均匀，再倒入水淀粉勾芡，炒匀后装盘。

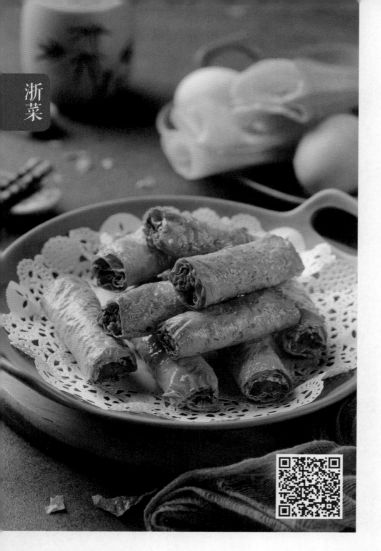

干炸响铃

🕐 烹饪时间：10分钟

🐟 **主料**

猪肉末130克，油豆腐皮70克，鸡蛋25克

🧴 **辅料**

葱10克，甜面酱15克，白糖1克，盐1克，鸡粉2克，胡椒粉1克，生粉5克，香油5毫升，食用油600毫升

• **大厨有话说**

　　猪肉既可提供血红素（有机铁）和促进铁吸收的半胱氨酸，又可提供人体所需的脂肪酸，所以能用来改善缺铁性贫血。

🐟 **做法**

1 葱洗净，切葱花；肉末装碗，加入鸡蛋，加入盐、鸡粉、葱花、白糖、胡椒粉，拌匀，再加入生粉、香油，按顺时针方向搅匀，制成肉糊。

2 锅中注水烧开，放入蒸帘，放上油豆腐皮，盖上盖，小火蒸1分钟至变软，取出。

3 将豆腐皮摊开，其半边抹入适量肉糊，从肉糊的一边卷起，卷成筒形，再切成5厘米长的小段。

4 锅中倒油烧热，放入筒形的响铃，炸至豆腐皮变为金黄色，盛出装盘，食用时蘸上甜面酱即可。

干菜焖肉

🕐 烹饪时间：48分钟

🐟 主料
梅干菜130克，五花肉400克

🍶 辅料
姜5克，冰糖5克，盐0.5克，鸡粉1克，蚝油10克，黄酒10毫升，水淀粉15毫升，食用油15毫升

• 大厨有话说

"三高"人群要减少五花肉的摄入量。

🍗 做法

1 五花肉洗净，切成3厘米厚的小方块；梅干菜洗净；姜切末。

2 锅中倒油烧热，放入五花肉，煸炒出油，放入姜末、梅干菜，继续炒香。

3 倒入750毫升水，放入黄酒、盐、鸡粉、冰糖、蚝油，盖上锅盖，小火煮38分钟至梅干菜熟软。

4 揭盖，倒入水淀粉勾芡，盛出装盘即可。

红烧狮子头

🕐 烹饪时间：43分钟

🐟 **主料** ────────

五花肉270克，上海青100克，马蹄肉60克，鸡蛋50克

🍶 **辅料** ────────

葱10克，生姜10克，盐4克，鸡粉2克，生粉10克，水淀粉40毫升，蚝油10克，料酒10毫升，生抽15毫升，食用油1000毫升

◀ **大厨有话说** ▶

　　先炸至定型后再时不时拨动丸子，使其受热均匀。待表皮炸至金黄色时，就可以捞出丸子，不用炸至熟透。

🐟 **做法** ────────

1　五花肉去皮，剁成末；马蹄肉切碎末；葱切葱花；生姜去皮，切末；上海青切成瓣。

2　取一个碗，倒入肉末，加入2克盐、鸡粉、生粉、料酒，拌匀，打入鸡蛋，放入姜末、葱花、马蹄末，拌匀成肉馅，搓成几个大肉丸子。

3　锅中倒入水烧开，加入2克盐，放入上海青，焯2分钟至其熟透，捞出装碗，备用；锅中倒油烧热，放入大肉丸子，中火炸至其表面呈金黄色，捞出。

4　锅中留15毫升底油，加热，放入炸好的肉丸，倒入800毫升清水，加入蚝油、生抽，轻轻拌匀，盖上锅盖，小火煮30分钟，倒入水淀粉，中火调匀芡汁，盛出丸子和汁液，放入装有上海青的碗中即可。

西湖醋鱼

🕐 烹饪时间：20分钟

🐟 **主料** ————————————
草鱼800克

🍶 **辅料** ————————————
葱20克，姜25克，白糖30克，盐
21克，鸡粉1克，水淀粉20毫升，
香醋30毫升，生抽25毫升，老抽5
毫升，料酒50毫升，食用油15毫升

> **• 大厨有话说**
>
> 　　草鱼含有丰富的硒元素，经常食
> 用有抗衰老、养颜的功效，而且对肿
> 瘤也有一定的预防作用。

浙菜

🐟 **做法** ————————————

1　葱洗净，10克切段，10克切葱花；姜去皮，10克切片，15克切末；
　草鱼处理干净，在鱼背上切花刀，从中间砍断，从鱼肚中间竖着向头
　尾划开但鱼背部不要切断，成相连的两片鱼肉。

2　鱼肉装碗，加入25毫升料酒、20克盐，腌制20分钟后用清水洗干净；
　取一空碗，加入白糖、1克盐、鸡粉、25毫升料酒、生抽、老抽、水
　淀粉、香醋、30毫升水，拌匀，制成味汁，备用。

3　锅中倒入2000毫升水，放入葱段、姜片，再放入草鱼，盖上锅盖，小
　火炖煮16分钟，揭盖，盛出草鱼，装盘，夹走葱和姜片，备用。

4　锅中倒入15毫升油，大火烧热，放入备好的味汁，加入姜末，炒匀，
　淋在鱼身上，再撒上葱花即可。

浙菜

宋嫂鱼羹

🕐 烹饪时间：9分钟

🐟 主料

鳜鱼400克，鲜香菇50克，春笋50克，蛋黄30克，火腿10克，红椒5克

🍶 辅料

大葱5克，小葱5克，姜10克，白糖1克，盐1克，胡椒粉1克，水淀粉40毫升，米醋10毫升，料酒15毫升，花雕酒5毫升，食用油15毫升

• 大厨有话说

　　鳜鱼肉质细嫩、厚实、少刺，营养丰富，具有补气血、健脾胃之功效，食之还可强身健体、延缓衰老。

🐟 做法

1　鳜鱼处理干净，片出鱼肉，去皮去骨，鱼肉切丝；鲜香菇切细丝；春笋切细丝；火腿洗净，切细丝；红椒去籽，切丝；大葱切丝；小葱切丝；姜去皮，切丝；鳜鱼丝装碗，加入姜丝、料酒，抓匀备用。

2　锅中倒水烧开，放入香菇丝、春笋丝，焯水1分钟，捞出。

3　锅中倒油烧热，放入姜丝、胡椒粉，大火爆香，倒入500毫升水、花雕酒，煮沸，放入火腿丝、香菇丝、春笋丝煮沸，加入大葱丝，搅拌均匀，加入盐、白糖、5毫升米醋，拌匀调味。

4　加入鱼肉，轻轻搅散，煮至熟透，再次放入5毫升米醋，加入蛋黄、水淀粉，中火不停搅拌至汤汁浓稠，撒上红椒丝、小葱丝即可。

虾爆鳝背

🕐 烹饪时间：12分钟

🐟 主料 ——————

去骨黄鳝400克，虾仁100克，蛋清15克

🍶 辅料 ——————

姜10克，蒜15克，白糖30克，盐1克，生粉67克，水淀粉30毫升，生抽10毫升，香醋45毫升，黄酒10毫升，香油5毫升，食用油600毫升

🐟 做法 ——————

1 去骨黄鳝用刀背拍散、拍松，切段；虾仁去虾线，开背；姜切末；蒜切末；虾仁装碗，加入0.5克盐、2克生粉、10克蛋清，拌匀，腌制15分钟。

2 黄鳝装碗，加入5克姜末、5毫升黄酒、0.5克盐、5克生粉、5克蛋清，拌匀，腌制15分钟，再均匀地裹上60克生粉，备用；取一空碗，加入香醋、生抽、5毫升黄酒、白糖、水淀粉，调匀成料汁，备用。

3 锅中倒油烧热，放入虾仁，大火滑油片刻，盛出，放入鳝鱼，中火炸至表皮微黄，捞出，控油等待1分钟，再次将鳝鱼放入锅内，大火复炸至表皮金黄，盛出。

4 锅底留15毫升油加热，放入5克姜末、蒜末，爆香，倒入炸好的黄鳝、虾仁，倒入调好的料汁，炒匀，淋入香油，拌匀后盛出装盘即可。

雪菜
大汤黄鱼

🕐 烹饪时间：25分钟

🐟 **主料** ────────

黄花鱼200克，雪菜30克，冬笋50克，胡萝卜20克

🧴 **辅料** ────────

葱10克，姜10克，白糖1克，盐0.5克，鸡粉1克，胡椒粉0.5克，料酒10毫升，食用油45毫升

◆ **大厨有话说** ▷

黄花鱼含有丰富的微量元素硒，能清除人体代谢产生的自由基，能延缓衰老。

🐟 **做法** ────────

1 黄花鱼处理干净，两面切花刀，备用；雪菜切碎；冬笋切小片；胡萝卜切小片；葱洗净，切葱花；姜切片。

2 锅中倒油烧热，放入黄花鱼，大火煎至一面焦黄，翻面，将另一面也煎至焦黄。

3 倒入700毫升水，放入姜片、胡萝卜、笋片、雪菜，拌匀，盖上锅盖，小火炖煮17分钟至入味。

4 揭盖，放入白糖、盐、鸡粉、胡椒粉、料酒，继续炖煮至入味，撒入葱花，盛出装碗即可。

龙井虾仁

🕐 烹饪时间：6分钟

🐟 主料

虾仁200克，蛋清15克，龙井茶叶2克

🍶 辅料

白糖2克，盐1.5克，小苏打2克，生粉2克，水淀粉10毫升，黄酒5毫升，食用油630毫升

> **• 大厨有话说**
>
> 　　虾仁含有丰富的牛磺酸，而牛磺酸能降低人体血清胆固醇，防止动脉硬化，同时还能扩张冠状动脉，可预防高血压及心肌梗死。

🥄 做法

1　虾仁加入小苏打、500毫升水洗净，捞出。

2　虾仁装碗，加入1克白糖、1克盐、生粉、蛋清，拌匀，再倒入30毫升油，拌匀。

3　龙井茶叶加100毫升开水冲成茶水，静置10分钟。

4　另取碗，放入0.5克盐、1克白糖、30毫升龙井茶水、水淀粉，调匀，制成龙井茶料汁，备用。

5　锅中倒入600毫升油烧热，放入虾仁，大火滑油10秒，捞出虾仁，装盘备用。

6　锅中留15毫升底油，加热，放入虾仁，再加入黄酒，炒匀，倒入调好的龙井茶料汁，炒匀，放入泡过茶水的茶叶，中火翻炒均匀即可。

苏菜

银芽鸡丝

🕐 烹饪时间：7分钟

🐟 主料
绿豆芽200克，鸡胸肉150克，青椒60克，红椒60克，蛋清30克

🍶 辅料
葱10克，蒜10克，盐2.5克，鸡粉2克，生粉3克，生抽5毫升，料酒5毫升，食用油630毫升

◆ 大厨有话说 ▷
　　鸡胸肉含蛋白质、脂肪、钙、磷、铁、镁、钾、钠、维生素 A、维生素 B_1、维生素 B_2、维生素 C、维生素 E 和烟酸等成分，营养丰富，能滋补养身。

🐟 做法

1 绿豆芽择洗干净；鸡胸肉先切薄片，再切丝；青椒、红椒切丝；葱切葱段；蒜切片。

2 鸡丝装碗，加入蛋清、1克盐、鸡粉、料酒、生抽、生粉、30毫升食用油，拌匀，腌制15分钟，备用。

3 锅中倒入600毫升油烧热，放入鸡丝，大火滑至熟透，盛出。

4 锅底留15毫升油加热，放入葱段、蒜片，爆香，放入青椒、红椒、绿豆芽，炒至断生，放入鸡丝，加入1.5克盐，炒匀即可。

鸡汤煮干丝

🕐 烹饪时间：10分钟

🐟 主料

豆腐皮100克，小白菜100克，火腿20克，北杏仁5克

🍶 辅料

姜5克，盐2克，食用油15毫升，鸡汤600毫升

• 大厨有话说 〉

　　小白菜宜挑选叶色较青、新鲜、无虫害的。冬天可用无毒塑料袋保存，如果温度在0摄氏度以上，可在小白菜叶上套上塑料袋，口不用扎，根朝下戳在地上即可。

🐟 做法

1 豆腐皮切细丝；小白菜洗净；火腿切细丝；北杏仁洗净；姜切丝。

2 锅中倒油烧热，放入姜丝，爆香。

3 倒入鸡汤，再放入豆腐丝、火腿丝、北杏仁，拌匀，盖上锅盖，小火炖煮6分钟至入味。

4 揭盖，放入小白菜，加入盐拌匀即可。

无锡肉骨头

🕐 烹饪时间：1小时

🐟 主料

排骨600克

🍶 辅料

葱20克，姜20克，桂皮4克，八角3克，白糖30克，红曲粉2克，盐4克，鸡粉2克，老抽5毫升，料酒30毫升，食用油30毫升

◆ 大厨有话说

　　猪排骨除含有蛋白质、脂肪、维生素外，还含有大量磷酸钙、骨胶原、骨粘连蛋白等，可为幼儿和老人提供钙质。排骨肉层较厚的部分可剁小块后用来蒸、炸、红烧，而大片的排骨则适合烤。给排骨余水时可淋入少许料酒，能更好地去腥。

🐟 做法

1 排骨洗净，斩成4厘米长的小段，备用；葱切葱段；姜切片。

2 排骨装碗，加入10克葱段、10克姜片、2克盐、10毫升料酒，拌匀，腌制30分钟，备用。

3 锅中倒入30毫升油烧热，放入10克姜片、八角、桂皮，爆香。

4 放入排骨，煸炒片刻，放入20毫升料酒，翻炒片刻。

5 倒入600毫升水，加入红曲粉、2克盐、鸡粉、老抽，拌匀，盖上锅盖，小火炖煮45分钟。

6 揭盖，放入白糖、10克葱段，拌匀，大火炖煮8分钟至收汁即可。

镜箱豆腐

🕐 烹饪时间：25分钟

🐟 主料 ———————

水豆腐400克，五花肉150克，冬笋30克，水发香菇30克

🍶 辅料 ———————

葱20克，姜10克，番茄酱40克，白糖2克，盐1.5克，生粉10克，鸡粉2克，生抽4毫升，料酒15毫升，食用油610毫升

> • 大厨有话说 〉
>
> 　　煎酿好的豆腐时，要将有肉馅的一面朝下。

苏菜

🐟 做法 ———————

1　水豆腐切5厘米长、4厘米宽的长块；五花肉剁碎；冬笋切丁；香菇切粒；葱切葱花；姜切末。

2　肉末装碗，加入1克鸡粉、1克盐、1克白糖、10毫升食用油、5毫升料酒、姜末、葱花、生粉，抓匀，腌制15分钟。

3　锅中倒入600毫升油烧热，放入豆腐，大火炸至两面金黄，盛出豆腐，将豆腐中间挖一个小孔，塞入肉末，装盘备用。

4　锅底留15毫升油烧热，放入笋丁、香菇粒，中火炒香，倒入300毫升水，放入1克鸡粉、0.5克盐、1克白糖、生抽、番茄酱、10毫升料酒，煮沸，放入豆腐，盖上锅盖，小火炖煮8分钟，揭盖，中火收汁至汤汁浓稠即可。

酱炒蟹

🕐 烹饪时间：5分钟

🐟 主料

螃蟹400克，青椒30克，红椒30克

🍶 辅料

大葱10克，姜20克，黄豆酱30克，食用油30毫升

• 大厨有话说

　　要挑选壳硬、发青、蟹肢完整、有活力的螃蟹。可以用手捏螃蟹脚，螃蟹脚越硬越好。

🐟 做法

1 螃蟹处理干净，切块；青、红椒切菱形片；大葱切丝；姜切丝。

2 锅中倒入800毫升水，烧开，放入螃蟹，焯水至断生后捞出沥干，备用。

3 锅中倒油烧热。

4 放入大葱丝、姜丝、黄豆酱，炒香。

5 放入螃蟹，炒匀。

6 放入青椒、红椒，翻炒均匀，待螃蟹挂上酱汁后，盛出装盘即可。

清蒸大闸蟹

🕐 烹饪时间：14分钟

✖ 主料

大闸蟹450克（3只）

🍶 辅料

葱10克，姜20克，蒜10克，大红浙醋30毫升

> • 大厨有话说 >

　　大闸蟹富含钙，具有促进骨骼生长和发育的功效，尤其对青少年时期的孩子来说，正是长身体的时候，吃一些大闸蟹可以促进骨骼和牙齿的正常发育。

苏菜

✖ 做法

1 大闸蟹刷洗干净，装盘备用；葱洗净，切段；姜去皮，洗净，切片；蒜切末。

2 取一空碗，放入蒜末，加入大红浙醋30毫升，拌匀，调成蘸料备用。

3 将大闸蟹装盘，放上葱段、姜片。

4 锅中倒水煮沸，放上装有大闸蟹的蒸盘，盖上锅盖，蒸8分钟至大闸蟹熟透。食用时配上蘸料即可。

扬州炒饭

🕐 烹饪时间：6分钟

🐟 主料

米饭300克，鸡蛋100克，香肠100克，青豆50克，胡萝卜30克

🍶 辅料

葱10克，盐2克，鸡粉2克，胡椒粉1克，蚝油10克，生抽10毫升，食用油30毫升

• 大厨有话说

鸡蛋中富含的蛋白质对肝脏组织损伤有修复作用，蛋黄中富含的卵磷脂可促进肝细胞的再生。鸡蛋还可提高人体血浆蛋白量，增强肌体的代谢功能和免疫功能。

🍴 做法

1 香肠切1厘米大小的小丁；胡萝卜切1厘米大小的小丁；葱洗净，切葱花。

2 取一空碗，打入鸡蛋，打散，备用。

3 锅中倒水烧开，放入青豆、胡萝卜，焯水1分钟后捞出沥干，备用。

4 锅中倒入15毫升油烧热，放入蛋液，炒至凝固，盛出备用。

5 锅中倒入15毫升油烧热，放入米饭，中火炒散，放入香肠、青豆、胡萝卜、鸡蛋，炒匀。

6 加入盐、鸡粉、胡椒粉、蚝油、生抽，炒匀，撒入葱花，盛出即可享用。

剁椒鱼头

🕐 烹饪时间：16分钟

🐟 主料

鲢鱼头500克，红剁椒230克，黄彩椒30克

🍶 辅料

葱10克，蒜30克，姜15克，盐1克，白糖1克，鸡粉2克，生粉10克，生抽10毫升，料酒10毫升，食用油20毫升

• 大厨有话说

鱼头富含蛋白质、钙、磷、铁、维生素B_1、卵磷脂，能增强免疫力、提升记忆力。鲢鱼头由于比较大，分量足，非常适合用剁椒或泡椒等清蒸，简单地加工就能让鱼头变为美味佳肴。

湘菜

🐟 做法

1　鱼头洗净，切成相连的两半；黄彩椒切末；葱切葱花；姜切末；蒜切末。

2　红剁椒中放入黄彩椒末、蒜末、姜末、盐、白糖、鸡粉、生抽、料酒，搅拌均匀，再加入生粉、油，拌匀，待用。

3　取一蒸盘，鱼头平铺放入蒸盘，铺上红剁椒。

4　锅中倒水，煮至沸腾，放上装有鲢鱼头的蒸盘，盖上锅盖，蒸制12分钟，撒上葱花即可。

干锅花菜

🕐 烹饪时间：6分钟

🐟 主料

花菜300克，螺丝椒45克，五花肉100克，蒜苗20克，小米椒7克

🍶 辅料

姜10克，蒜10克，花椒2克，豆瓣酱15克，蚝油15克，生抽5毫升，料酒5毫升，食用油30毫升

● 大厨有话说 ▷

　　喜欢吃腊肉的朋友还可以加点腊肉一起炒，这样会更香。依据个人喜好口感，豆瓣酱可以换成豆豉。蒜苗一定要出锅时放入，这样炒出来才有清香味。

🐟 做法

1 将花菜洗净，掰成小块；螺丝椒洗净，斜切成圈；五花肉切片；小米椒洗净，切圈；蒜切片；蒜苗洗净，切段；姜切片。

2 锅中倒油烧热，放入五花肉，爆出油，待肉色变白。

3 加入蒜片、姜片、花椒、豆瓣酱，拌匀，加入花菜，翻炒片刻，加入螺丝椒、小米椒，炒匀。

4 加入料酒、蚝油、生抽，拌匀，加入蒜苗，继续翻炒片刻即可。

红烧肉

🕐 烹饪时间：37分钟

🐟 主料

五花肉500克

🧂 辅料

大葱60克，小葱10克，蒜15克，姜10克，八角3克，盐2克，冰糖20克，生抽15毫升，老抽5毫升，料酒15毫升，食用油15毫升

> ● 大厨有话说

　　煸炒猪肉时，要少放油，因为猪肉本身会出油，若放太多的油炒制，成菜口感会比较油腻。

🥄 做法

1　五花肉切块；大葱洗净，切段；小葱洗净，切葱花；姜去皮，切片；蒜去皮，拍扁。

2　锅中倒油烧热，倒入五花肉，中火煎炒出油，再时不时炒几下，使其受热均匀，炒约4分钟。

3　将五花肉捞出，把油倒入一旁的容器中。

4　锅内留15毫升底油烧热，放入冰糖，炒成糖色，放入五花肉，继续翻炒，使五花肉均匀裹上糖色。

5　加入大葱段、蒜、姜片、八角，中火炒出香味，再倒入料酒、生抽、老抽，拌炒均匀，倒入600毫升水，盖上盖，焖煮25分钟至肉熟透。

6　放入盐拌匀，煮至汤汁变浓稠，撒上葱花即可。

腊味合蒸

🕐 烹饪时间：30分钟

🐟 主料

腊鸡肉200克，腊鱼肉160克，腊肉100克

🍶 辅料

葱20克，姜15克，白糖2克，料酒10毫升

• 大厨有话说

　　腊肉中磷、钾、钠的含量丰富，还含有不饱和脂肪酸、蛋白质、碳水化合物等元素，具有开胃祛寒、增强免疫力等功效。

🐟 做法

1. 锅中加清水烧开，放入腊肉、腊鱼、腊鸡，加盖焖煮15分钟，去除杂质和部分咸味后，捞出。

2. 将腊肉切片；腊鱼切块；腊鸡切块；葱切段；姜切片。

3. 取一蒸盘，码入腊鸡、腊鱼、腊肉，放上姜片和葱段，再撒上白糖，淋入料酒，准备蒸制。

4. 锅中加水烧开，放上蒸帘，放上装有腊味的蒸盘，盖上盖子，蒸25分钟至腊味熟透即可。

过桥豆腐

🕐 烹饪时间：18分钟

🐟 主料 —————

猪瘦肉250克，豆腐200克，鸡蛋2个，豌豆粒15克，小米椒2克

🍶 辅料 —————

葱10克，姜10克，盐0.5克，鸡粉1克，生粉10克，生抽5毫升，料酒5毫升，白糖0.5克，食用油10毫升

> • 大厨有话说
>
> 　　要选购荚果饱满，筋不凹陷的豌豆。

湘菜

🐟 做法 —————

1. 猪瘦肉切末；豆腐切0.5厘米厚的薄片；小米椒切碎；葱切葱花；姜切末。

2. 取一空碗，放入肉末、小米椒碎、姜末、盐、鸡粉、料酒、白糖、生粉、油，拌匀，备用。

3. 肉末装盘，再将豆腐装入蒸盘中，两边各打入1个鸡蛋。

4. 锅中倒水烧开，放上蒸碗，盖上锅盖，大火蒸5分钟至食材定型，揭盖，放入豌豆粒，再盖上锅盖，蒸9分钟至豌豆熟透，揭盖，倒出水分，淋入生抽，撒上葱花即可。

湘菜

东安鸡

🕐 烹饪时间：28分钟

🐟 主料

仔鸡400克，青椒25克，红椒25克，小米椒5克

🧂 辅料

泡仔姜20克，蒜20克，香辣酱15克，花椒2克，白糖1克，盐1克，鸡粉1克，陈醋20毫升，食用油45毫升

◆ 大厨有话说 ▷

　　鸡皮中含有大量胶原蛋白，能补充人体所缺的水分和增加皮肤弹性，延缓衰老。

🍴 做法

1 仔鸡洗净，斩成3厘米大小的小块；青椒切丝；红椒切丝；小米椒切圈；泡仔姜切片。

2 锅中倒油烧热，放入仔鸡，煸炒片刻，放入泡仔姜片、蒜、小米椒，炒至鸡肉焦黄。

3 放入花椒、香辣酱、盐、白糖、鸡粉，炒匀，再倒入400毫升水，加入陈醋，拌匀，盖上锅盖，小火炖煮20分钟。

4 揭盖，放入青椒、红椒，炒匀，盛出装盘即可。

永州血鸭

🕐 烹饪时间：16分钟

🐟 主料
鸭肉500克，鲜鸭血80毫升

🍶 辅料
湖南椒80克，小米椒25克，蒜30克，姜30克，八角1克，盐1克，鸡粉2克，蚝油15克，生抽15毫升，料酒15毫升，食用油45毫升

• 大厨有话说

鸭肉中含有较为丰富的烟酸，它是构成人体内两种重要辅酶的成分之一，对心肌梗死等心脏疾病患者有益。

🐟 做法

1 鸭肉斩成2厘米大小的小块；湖南椒切圈；小米椒切圈；蒜切片；姜切片。

2 锅中倒油烧热，放入鸭肉，翻炒出油。

3 放入蒜片、姜片、八角、小米椒，炒香。

4 放入料酒、盐、蚝油、生抽，再倒入150毫升水，盖上锅盖，中火焖煮7分钟至鸭肉熟透入味。

5 揭盖，放入湖南椒、鸡粉，炒至湖南椒断生。

6 边淋入鸭血边翻炒至鸭肉裹上鸭血，待鸭血呈暗红色，盛出装盘即可。

051

鼎湖上素

🕐 烹饪时间：3分钟

🐟 **主料**

西兰花150克，玉米笋150克，鲜香菇40克，水发银耳10克，水发木耳15克

🧴 **辅料**

蒜15克，盐2克，蚝油10克，香油3毫升，食用油30毫升

◀ **大厨有话说** ▶

西兰花中的矿物质成分比其他蔬菜更全面，钙、磷、铁、钾、锌、锰等含量很丰富，其中，维生素C的含量更是远高于普通蔬菜，有润肺、止咳的功效，长期食用还可以降低乳腺癌、直肠癌及胃癌等癌症的发病概率。

🍖 **做法**

1 西兰花洗净，掰成小朵；玉米笋洗净，切段；香菇去蒂，洗净，切花刀；蒜切末。

2 锅中倒水烧开，放入西兰花、玉米笋、香菇，焯水2分钟，捞出沥干，备用。

3 锅中倒油烧热，放入蒜末，爆香，放入西兰花、玉米笋、鲜香菇、银耳、木耳，翻炒均匀。

4 放入盐、蚝油，炒匀，淋入香油，拌匀即可。

白云猪手

🕐 烹饪时间：1小时6分钟

🐟 主料

猪蹄500克，红椒5克，泡荞头5克

🧂 辅料

葱10克，姜5克，白糖120克，盐2克，米醋400毫升，料酒20毫升

• 大厨有话说 >

　　猪手含有丰富的胶原蛋白，能增强皮肤弹性和韧性，可延缓衰老，有助于儿童生长发育。

🍴 做法

1 猪蹄洗净，斩成4厘米大小的小块；红椒切丝；姜切片。

2 锅中倒入水，放入猪蹄，加入姜片、葱、料酒，盖上锅盖，小火炖煮1小时至猪蹄熟透，盛出猪蹄，放入冰水中浸泡2小时。

3 锅中倒入100毫升水，放入白糖、盐、米醋，拌匀煮至沸腾，制成糖醋汁。

4 将糖醋汁盛入碗中，把猪蹄倒入碗中，待晾凉后放入冰箱冷藏1天，再将猪蹄取出，重新装盘，最后撒上红椒和泡荞头即可。

客家清炖猪肉汤

🕐 烹饪时间：1小时25分钟

🐟 **主料** ————

猪腱子肉400克，红枣10克，枸杞5克

🍶 **辅料** ————

姜10克，白胡椒粉1克，盐1克，鸡粉1.5克

• **大厨有话说** ›

　买回的猪肉需先用水洗净，然后分割成小块，装入保鲜袋，再放入冰箱保存。

🍖 **做法** ————

1 猪腱子肉切小块；姜切片。

2 锅中倒入冷水，放入猪腱子肉，焯水4分钟，去除血污和腥味，捞出沥干，备用。

3 取一炖盅，放入腱子肉，加入红枣、枸杞、姜片、白胡椒粉、盐、鸡粉，再倒入400毫升水，盖上盅盖。

4 锅中倒入清水，放上炖盅，盖上锅盖，蒸80分钟至腱子肉熟软，取出炖盅即可。

东江盐焗鸡

粤菜

🕐 烹饪时间：60分钟

🐟 主料

鸡1只（1200克）

🍶 辅料

葱20克，姜10克，沙姜15克，八角4克，盐焗鸡粉20克，粗盐3000克，料酒20毫升

• 大厨有话说

　　注意要将鸡身内部也抹好调料，以免不入味。

🐟 做法

1. 将鸡处理好，洗净；葱打葱结，备用；姜去皮，切片；沙姜拍碎。

2. 取一容器，放入整鸡，倒入料酒，加入沙姜、葱结、姜片、盐焗鸡粉，里外抹匀，再将余料塞入鸡肚中，用油纸包紧整鸡，放入冰箱，腌制2小时。

3. 锅中倒入粗盐，放入八角，炒5分钟。

4. 把鸡连油纸放入锅中，用粗盐掩埋起来，盖上锅盖，焗50分钟至鸡肉熟透，熄火1个小时后拨开粗盐，拿出鸡，撕开油纸即可。

粤菜

清蒸石斑鱼

🕐 烹饪时间：23分钟

🐟 主料

石斑鱼600克，红椒10克

🍶 辅料

葱10克，姜10克，蒸鱼豉油30毫升，食用油60毫升

◀ 大厨有话说 ▶

　　石斑鱼除含人体代谢所必需的氨基酸外，还富含多种无机盐、虾青素、铁、钙、磷以及各种维生素，具有活血通络、健脾益气的功效，还有延缓器官和组织衰老的作用，能达到美容护肤的效果。

🐟 做法

1 石斑鱼处理干净；红椒切丝；葱切葱丝；姜切片。

2 将石斑鱼放入蒸盘，鱼身上放上姜片，准备蒸制。

3 锅中加入水，放上蒸帘，盖上锅盖，煮至沸腾。

4 揭盖，放入装有石斑鱼的蒸盘，盖上锅盖，蒸至熟透。

5 揭盖，取出蒸盘，倒掉多余的汤水，往鱼身淋上蒸鱼豉油，再放上葱丝、红椒丝，备用。

6 另起锅倒油，烧热，把热油淋在鱼身上即可。

八大锤

🕐 烹饪时间：19分钟

🐟 **主料** ━━━━━━━

小鸡腿500克，鸡蛋100克，土豆200克，面粉50克

🧴 **辅料** ━━━━━━━

葱20克，姜15克，香菜10克，盐3克，鸡粉2克，白糖2克，玉米淀粉35克，辣椒酱15克，甜面酱15克，番茄酱15克，味椒盐10克，料酒15毫升，食用油610毫升

🐟 **做法** ━━━━━━━

1　将洗好的小鸡腿由上向下将鸡肉挤到下端露出骨头，做成鸡锤；土豆切成细丝，浸泡在水中，捞出沥干；姜去皮切片；葱切段；香菜切段；鸡腿装碗，加入姜片、葱段、盐、鸡粉、白糖、料酒，拌匀腌制30分钟。

2　将鸡蛋打入碗中，加面粉、30克玉米淀粉、10毫升食用油，搅匀成无颗粒状的鸡蛋糊，将腌制好的鸡锤逐个裹匀鸡蛋糊；土豆丝装碗，加入5克玉米淀粉，拌匀。

3　锅中倒入600毫升油烧热，放入土豆丝，中火炸至焦黄，捞出，摆入盘中。

4　将鸡锤逐个放入锅中，中火炸至金黄，边炸边用竹签扎肉，并时不时翻动，使其受热均匀，捞出，摆入盘中，摆上香菜叶，再佐以辣椒酱、甜面酱、番茄酱、味椒盐四种调料蘸食即可。

蒜香蒸大虾

🕐 烹饪时间：10分钟

🐟 **主料**

基围虾300克

🍶 **辅料**

葱10克，蒜30克，盐1克，蚝油10克，生抽5毫升，玉米油15毫升

◆ 大厨有话说 ▷

　　基围虾中含有丰富的镁，镁对心脏活动具有重要的调节作用，能很好地保护心血管系统，它可减少血液中胆固醇含量，防止动脉硬化，同时还能扩张冠状动脉，有利于预防高血压及心肌梗死。

🐟 **做法**

1. 基围虾剪须，开背，挑出虾线；葱切葱花；蒜切末。

2. 碗中放入盐、蒜末、生抽、蚝油、玉米油，拌匀调成蒜末调味料。

3. 将基围虾摆入空盘中，将制好的蒜末调味料均匀倒在每只虾的表面。

4. 锅中倒入水，放入蒸架，烧开，将装有基围虾的盘子放在蒸架上，盖上锅盖，隔水蒸6分钟至熟，撒上葱花即可。

上汤焗龙虾

🕐 烹饪时间：19分钟

🐟 主料

波士顿龙虾450克，南瓜60克，芝士20克

🧂 辅料

姜10克，白糖1克，盐1克，鸡粉1.5克，水淀粉35毫升，黄油20克，牛奶30毫升，鸡汤500毫升，食用油600毫升

> **• 大厨有话说**
>
> 烹饪龙虾前，要先用筷子从龙虾尾部插入，排出龙虾体内液体，这步被称为"放尿"，可以使烹饪出的龙虾味道更清甜。

粤菜

🐟 做法

1 龙虾洗净，中间对半切开，一半连肉带壳，另一半取虾肉，洗净；南瓜切小粒；姜切粒；锅中倒入水，放上装有南瓜的蒸盘，蒸熟后取出，碾压成泥，备用。

2 锅中倒入10克黄油烧热，放入姜粒，爆香，加入300毫升鸡汤，煮1分钟，放入龙虾钳，中火煮2分钟，放入南瓜泥，继续煮1分钟，熬成高汤，放入1克鸡粉、盐、0.5克白糖，拌匀，放入龙虾肉，倒入20毫升水淀粉勾芡，盛出装盘。

3 锅中倒入食用油，烧热，放入另一半带壳的龙虾，炸至金黄，捞出龙虾，装入盛有汤汁的盘中。

4 锅中加入10克黄油，加热至融化，放入200毫升鸡汤、0.5克白糖、0.5克鸡粉，煮至沸腾，放入芝士，煮至融化，倒入牛奶、15毫升水淀粉，拌匀芡汁，盛出淋在龙虾上即可。

黄山炖鸽

🕐 烹饪时间：1小时10分钟

🐟 **主料**

鸽子1只（250克），山药40克，党参10克，枸杞1克

🍶 **辅料**

姜10克，冰糖5克，盐2克，黄酒5毫升

• 大厨有话说

　　鸽血中富含血红蛋白，能使术后伤口更好地愈合；女性常食鸽肉，可调补气血。此外，乳鸽肉含有丰富的软骨素，经常食用，可使皮肤变得白嫩、细腻。

🐟 **做法**

1 鸽子处理干净；山药去皮，切段，加水浸泡；姜切片。

2 取一蒸碗，放入鸽子，加入姜片，再加入冰糖、盐、黄酒，放入党参、枸杞，倒入500毫升水，盖上保鲜膜。

3 锅中倒入水，放入蒸碗，盖上锅盖，蒸50分钟至鸽子熟透。

4 揭盖，揭开保鲜膜，放入山药，盖上锅盖，继续蒸18分钟至山药熟透，揭盖，取出蒸碗即可。

鱼咬羊

🕐 烹饪时间：1小时15分钟

🐟 主料 ━━━━━━

鲈鱼1条（500克），羊肉350克，白萝卜180克，枸杞5克

🍶 辅料 ━━━━━━

姜10克，白糖1克，盐2克，白胡椒粉1克，料酒15毫升，食用油30毫升

• 大厨有话说 ▷

　　鲈鱼富含蛋白质、维生素A、B族维生素、钙、镁、锌、硒等营养元素，既容易消化，又能预防水肿、贫血头晕等症状，对儿童和中老年人的骨骼组织也有益。

🥄 做法 ━━━━━━

1 鲈鱼处理干净；羊肉切3厘米长的小段，备用；白萝卜去皮，切方块；姜切片。

2 锅中倒油烧热，放入姜片，爆香，放入羊肉段，炒匀，加入盐、白糖、料酒，炒匀。

3 倒入1200毫升水，加入白胡椒粉，拌匀，盖上锅盖，小火炖煮35分钟至羊肉熟软。

4 揭盖，放入白萝卜，盖上锅盖，继续炖煮15分钟至入味。

5 揭盖，夹出几块羊肉，塞入鱼肚中，再将鱼放入锅中，盖上锅盖，继续炖煮15分钟。

6 揭盖，放入枸杞，再略煮一会儿即可。

黄山方腊鱼

🕐 烹饪时间：17分钟

🐟 主料

鳜鱼500克，青虾300克，鸡蛋100克，香菜10克

🍶 辅料

葱10克，姜10克，番茄酱50克，白糖30克，盐3克，鸡粉3克，生粉20克，白醋50毫升，黄酒8毫升，熟猪油15克，食用油600毫升

• 大厨有话说

　　鳜鱼肉质细嫩、厚实、少刺，营养丰富，具有补气血、健脾胃之功效，可强身健体、延缓衰老。常食鳜鱼，可起到补五脏、益精血的作用。

🐟 做法

1 将鳜鱼的鱼头、鱼尾切下，鱼肉先切大片、铲去鱼皮，切成薄片；青虾去头，去虾线，洗净备用；香菜切碎；葱切段；姜切片。

2 鱼头、鱼尾装碗，加入1.5克盐、5毫升黄酒、1克鸡粉、葱段、姜片，腌制10分钟；鸡蛋分离，蛋清、蛋黄分别装碗；鱼片中加入1.5克盐、3毫升黄酒、2克鸡粉，拌匀腌制10分钟，加入25克蛋黄、5克生粉，抓匀，备用；取一空碗，加入50克蛋清、5克生粉，拌成蛋糊，放入青虾，裹匀蛋糊，再裹10克生粉，备用。

3 锅中倒油烧热，放入鱼头、鱼尾、鱼骨，大火炸至金黄，捞起鱼头、鱼尾、鱼骨，摆入盘中；再在油锅中逐片放入鱼片，中火炸至浅金黄色，捞出鱼片，等待1分钟后，再次放入鱼片，大火复炸至金黄色，捞出鱼片，盛入盘中，再撒入一圈香菜段；再把虾放入锅中，中火炸至外皮挺起，捞出，控油装盘。

4 锅中放入熟猪油烧热，放入番茄酱、白糖、白醋，搅拌均匀，盛出料汁，淋在鱼片和虾身上，撒上香菜即可。

火腿炖甲鱼

🕐 烹饪时间：24分钟

🐟 主料

净甲鱼400克，火腿40克，红尖椒30克

🍶 辅料

姜10克，冰糖5克，盐0.5克，鸡粉1克，白胡椒粉1克，水淀粉15毫升，料酒25毫升，鲍鱼汁13克，食用油30毫升

> • 大厨有话说

　　应选购腹甲有光泽、裙厚而上翘的甲鱼。

🐟 做法

1. 将甲鱼斩成3厘米大小的小块；火腿切1厘米大小的小粒；红尖椒切菱形片；姜切片。

2. 锅中倒油烧热，放入姜片，大火爆香，放入甲鱼肉，翻炒均匀，放入火腿粒，倒入料酒，翻炒均匀。

3. 倒入450毫升水，加入冰糖、白胡椒粉、鸡粉、盐、鲍鱼汁，拌匀，盖上锅盖，小火煮15分钟至熟透入味。

4. 揭盖，放入红尖椒，炒匀，倒入水淀粉勾芡即可。

霸王别姬

🕐 烹饪时间：1小时11分钟

🐟 主料

仔鸡400克，甲鱼300克，火腿30克，香菇30克，冬笋30克，菜心30克，枸杞5克

🍶 辅料

葱10克，姜10克，盐3克，鸡粉2克，花雕酒15毫升

• 大厨有话说 ▷

选购甲鱼时，如果发现其四肢不灵活，不能很快翻身，就不要购买。

🥄 做法

1 仔鸡、甲鱼处理干净；火腿、冬笋、香菇切片；菜心洗净，切成两半；葱洗净，切葱段；姜切片。

2 锅中倒水，放入姜片、葱段、仔鸡，焯5分钟，捞出；再放入甲鱼、花雕酒，焯3分钟，捞出。

3 将甲鱼身上的白膜去除干净，备用。

4 锅中倒入1800毫升水，放入仔鸡，加入火腿片、香菇，盖上锅盖，小火炖煮30分钟。

5 揭盖，放入冬笋，加入鸡粉、盐、枸杞，拌匀，继续炖煮20分钟。

6 加入甲鱼，盖上锅盖，继续炖煮20分钟，揭盖，放入菜心，盛出装碗即可。

Chapter 2

温馨家馔,
记忆中的味道

虎皮青椒

🕐 烹饪时间：7分钟

🐟 **主料**

青尖椒350克

🍶 **辅料**

蒜15克，白糖5克，盐1克，香醋15毫升，生抽10毫升，食用油30毫升

• 大厨有话说 ▷

青椒水分较多，为避免煎制时溅油，可加盖煎制。翻面后可用锅铲按压青椒，便于煎软。炒好的虎皮青椒还可以加入适量醋略微拌匀，增加菜的风味，这是比较地道的四川吃法。

🐟 **做法**

1 将青尖椒去蒂，切去根部，用小刀将青尖椒籽挖掉；蒜去皮，切末。

2 取一空碗，加入香醋、生抽、白糖、盐，搅拌均匀，调成料汁备用。

3 锅中倒油烧热，将青尖椒并排放入锅中，中火煎至起褶皱，再将青尖椒翻面，不时按压，将另一面也煎至起褶皱。

4 放入蒜末，爆出香味，放入调好的料汁，翻炒入味即可。

手撕包菜

🕐 烹饪时间：4分钟

🐟 **主料** ——————
包菜400克

🍶 **辅料** ——————
蒜15克，干辣椒5克， 盐2克，生
抽15毫升，香醋10毫升，食用油
30毫升

> • **大厨有话说** ⟩

　　包菜约90%的成分为水，富含维
生素C，其营养价值与大白菜相差无
几，但其中维生素C的含量与大白菜
相比要高出一倍左右。此外，包菜富
含叶酸，怀孕的妇女及贫血患者应当
多吃些包菜。

🍴 **做法** ——————

1 将包菜洗净，手撕成小片；蒜切片；干辣椒切小段。

2 锅中倒油烧热，倒入蒜片、干辣椒，爆香。

3 倒入包菜，翻炒片刻。

4 加盐、生抽，翻炒匀，再放入香醋，炒匀，盛出装
　盘即可。

醋熘白菜

🕐 烹饪时间：4分钟

🐟 **主料** ─────────

白菜500克

🍶 **辅料** ─────────

蒜10克，干红椒5克，盐2克，白糖3克，生抽5毫升，香醋30毫升，水淀粉10毫升，香油5毫升，食用油30毫升

• **大厨有话说** ⟩

　　白菜有"菜中之王"的称号，其含有丰富的粗纤维、维生素等营养元素，水分的含量也非常大，有很好的补水滋润、护肤养颜的功效。另外，白菜中还含有微量的钼，可抑制人体内亚硝酸胺的生成、吸收，起到一定的防癌作用。

🐟 **做法** ─────────

1. 白菜帮洗净，从中间切开，然后将刀倾斜30度角将白菜片成薄片；蒜切粒。

2. 取一个容器，倒入香醋、生抽 、白糖、盐、水淀粉、香油，拌匀调成醋汁。

3. 锅中倒油烧热，放入蒜粒、干红辣椒，爆出辣椒香味，放入白菜，翻炒均匀。

4. 再倒入调好的醋汁，炒几分钟至白菜出汤水，关火，盛出即可。

蒜蓉粉丝
娃娃菜

🕐 烹饪时间：18分钟

🐟 主料

娃娃菜300克，绿豆粉丝40克，小米椒30克

🍶 辅料

蒜60克，葱10克，盐2克，白糖5克，生抽5毫升，蚝油5克，食用油30毫升

> ▶ 大厨有话说 ▷

　　挑选娃娃菜时，应挑选个头小、手感结实的。如果捏起来松垮垮的，有可能是用大白菜芯冒充的。炒蒜末时温度不宜太高，以免炒糊，影响口感。

🐟 做法

1 将娃娃菜洗净，每颗切成八瓣；小米椒切圈；蒜切末；葱切末。

2 绿豆粉丝中加入600毫升温水，泡发20分钟。

3 取一个容器，加入盐、白糖、生抽、蚝油、60毫升水，拌匀调成味汁。

4 取蒸盘，平铺上泡发好的粉丝，再放上娃娃菜。

5 锅中倒油烧热，放入蒜末，大火炒香，倒入调好的味汁，小火炒匀，煮至沸腾，浇在娃娃菜上。

6 锅中倒入水，放上蒸帘，将水烧开，放入蒸盘，盖上锅盖，大火蒸制15分钟，揭盖，取出蒸盘，撒上小米椒、葱花即可。

地三鲜

🕐 烹饪时间：13分钟

🐟 主料

茄子250克，土豆180克，青圆椒150克，蒜20克

🍶 辅料

白糖2克，生粉3克，蚝油15克，生抽10毫升，食用油600毫升

• 大厨有话说 ▶

用筷子或者小葱插入锅中，若周围起小泡说明可以放入食材油炸了。油炸时可用锅铲时不时拨动食材，使其受热均匀。

🐟 做法

1. 土豆去皮，切厚片；茄子切滚刀块；青圆椒掰开；蒜切末；茄子裹上1克生粉。

2. 取一个容器，加入2克生粉、蚝油、60毫升清水、生抽、白糖，拌匀制成酱汁。

3. 锅中倒入油烧热，放入土豆，中火炸至表面微黄色并起泡，捞出；再放入茄子，大火炸至表皮起褶皱，捞出茄子；再放入青圆椒，大火滑油炸至表皮起泡，捞出青圆椒，沥干油；再加入土豆和茄子复炸上色，捞出土豆和茄子。

4. 锅中留15毫升底油烧热，放入蒜末，翻炒出味，倒入事先准备好的酱汁，中火煮至沸腾黏稠，倒入炸好的土豆、茄子、青圆椒，大火翻炒均匀至汤汁浓稠即可。

酸辣土豆丝

🕐 烹饪时间：3分钟

🐟 主料

土豆300克，红尖椒10克

🫙 辅料

蒜10克，干辣椒5克，盐2克，鸡粉2克，白醋20毫升，食用油30毫升

◦ 大厨有话说 ▷

土豆的营养成分非常全面，营养结构也较合理，可称为"十全十美的食物"。另外，土豆富含谷类缺少的赖氨酸，因而土豆与谷类混合食用可提高蛋白质利用率。

🍴 做法

1 将土豆去皮，先切薄片，再切丝；红尖椒洗净，切丝；蒜切末。

2 将土豆丝装碗，倒入600毫升水，再加入5毫升白醋，浸泡5分钟。

3 锅中倒油烧热，放入蒜末、干辣椒，爆香，放入土豆丝，不断翻炒。

4 倒入盐、鸡粉，炒匀，加入15毫升白醋，翻炒匀，放入红椒丝，炒匀，盛出装盘即可。

香辣萝卜干

🕐 烹饪时间：4分钟

🐟 主料

萝卜干150克，小米椒15克

🍶 辅料

蒜15克，豆豉15克，白糖2克，鸡粉2克，生抽15毫升，食用油30毫升

• 大厨有话说 ▷

　　萝卜干含胆碱物质，有利于减肥；萝卜含丰富的维生素C和微量元素锌，有助于增强机体的免疫功能，提高人体抗病能力。

🐟 做法

1　碗中加入300毫升水，放入萝卜干，泡发后洗净，捞出沥干。

2　萝卜干切小粒；小米椒切末；蒜切末。

3　锅中倒油烧热，放入蒜末、小米椒、豆豉，爆香。

4　放入萝卜干，炒出香味，放入白糖、鸡粉、生抽，炒匀即可。

拔丝红薯

🕐 烹饪时间：13分钟

🐟 **主料**

红薯400克，熟白芝麻2克

🍶 **辅料**

白糖40克，食用油700毫升

┌ • 大厨有话说 ┐

　　红薯含有膳食纤维、胡萝卜素、维生素A、B族维生素、维生素C、维生素E以及钾、铁、铜、硒、钙等10余种微量元素，营养价值很高，被营养学家们称为营养最均衡的保健食品，其含有的胶原和黏多糖，能降低血液中总胆固醇的含量，预防动脉硬化、冠心病的发生。

① ② ③ ④ ⑤ ⑥

🐟 **做法**

1　红薯去皮，切成2厘米大小的小块。

2　锅中倒油烧热，放入红薯块，中火炸至熟透且呈金黄色。

3　捞出红薯块，装盘备用，锅底留油15毫升，烧热。

4　放入白糖，倒入10毫升水，不时搅拌，熬出糖色。

5　放入炸好的红薯块，裹匀糖色。

6　盛出，撒入熟白芝麻即可。

油焖竹笋

🕐 烹饪时间：16分钟

🐟 **主料**

竹笋300克

🍶 **辅料**

白糖15克，蚝油10克，生抽15毫升，老抽2毫升，香油5毫升，食用油30毫升

• 大厨有话说

买回竹笋后，要放在低温处保存，以免变质。

🐟 **做法**

1 竹笋洗净，切成滚刀块。

2 锅中倒水烧开，放入竹笋，焯水15分钟，捞出备用。

3 锅中倒油烧热，放入竹笋，中火翻炒片刻，放入白糖、生抽、老抽、蚝油，翻炒均匀。

4 加入200毫升水，盖上锅盖，中火炖煮10分钟，揭盖，淋入香油，盛出即可。

芹菜炒香干

🕐 烹饪时间：4分钟

🐟 主料

豆腐干150克，芹菜150克

🍶 辅料

蒜10克，盐1克，鸡粉2克，蚝油15克，食用油15毫升

● 大厨有话说

　　芹菜在烹饪前焯水，这样能去除芹菜的青涩口感及一些残留物。芹菜中含蛋白质、甘露醇、食物纤维以及丰富的维生素，其中甘露醇有脱水、降颅压的功效，食物纤维还能促进肠道蠕动，对高血压、动脉硬化等三高者和便秘者都有比较好的食疗作用。

🍗 做法

1 豆腐干洗净，切条；芹菜洗净，切段；蒜切片。

2 锅中倒入500毫升水烧开，放入豆腐干，焯水后捞出；再放入芹菜，焯水后捞出沥干，备用。

3 锅中倒油烧热，放入蒜片，爆香，放入豆腐干，拌炒匀。

4 放入芹菜，翻炒均匀，放入盐、鸡粉、蚝油，炒匀，盛出即可。

素糖醋排骨

🕐 烹饪时间：10分钟

🐟 主料

莲藕150克，油豆腐100克，熟白芝麻1克

🍶 辅料

姜5克，冰糖30克，生抽15毫升，老抽10毫升，白醋30毫升，食用油30毫升

• 大厨有话说

　　藕节的间距越大，则代表莲藕的成熟度越高，口感更好。

🐟 做法

1 用剪刀将油豆腐戳1个小孔；莲藕顺着孔切成4厘米长的条状；姜切片。

2 依次将藕条插入油豆腐中，制成"排骨"，备用。

3 锅中倒油烧热，放入冰糖，不停地炒至变成焦糖色。

4 放入"排骨"，小火翻炒至皮焦脆且裹匀糖色。

5 放入姜片、生抽、老抽、白醋、40毫升水，中火炒匀。

6 撒入熟白芝麻，盛出即可。

干煸四季豆

🕐 烹饪时间：4分钟

🐟 主料

四季豆300克

🛢 辅料

干辣椒段5克，蒜10克，花椒1克，熟白芝麻1克，盐1克，白糖1克，生抽15毫升，食用油600毫升

◆ 大厨有话说

　　在选购四季豆时，应挑选豆荚饱满匀称，表皮平滑无虫痕的。皮老多皱纹、变黄或呈乳白色、多筋者，不易煮烂。四季豆入锅炸制前一定要将水分控干，以免油和水混合后溅油。

🍴 做法

1 四季豆洗净切段；蒜去皮，切末。

2 锅中倒油烧热，放入四季豆，轻轻翻动，大火炸至表皮出现褶皱，捞出，控干油。

3 锅中留15毫升底油烧热，加入蒜末、干辣椒段、花椒，爆出香味，放入炸过的四季豆，中火翻炒出香味。

4 放入盐、白糖、生抽，翻炒均匀入味，加入熟白芝麻，盛出即可。

蟠龙茄子

🕐 烹饪时间：18分钟

🐟 主料

茄子300克，胡萝卜30克，火腿30克，洋葱50克

🍶 辅料

姜10克，蒜15克，盐2克，蚝油15克，水淀粉15毫升，生抽15毫升，食用油30毫升

• 大厨有话说

　　茄子含有维生素E，有防止出血和抗衰老功能。常吃茄子，可使血液中胆固醇的水平不致增高，对延缓人体衰老具有积极的意义。

🐟 做法

1 茄子洗净，两边分别放一根筷子，然后将茄子正反两面切蓑衣刀；胡萝卜去皮，切半圆片；火腿切半圆片；洋葱切丁；姜切末；蒜切末。

2 取蒸盘，放入茄子，夹上胡萝卜、火腿片。

3 取一空碗，放入盐、蚝油、生抽，再倒入80毫升水，拌匀成酱汁。

4 锅中加水，放上装有茄子的蒸盘，盖上锅盖，大火蒸制15分钟至熟透，取出。

5 锅中倒油烧热，放入蒜末、姜末、洋葱丁，爆香，倒入备好的酱汁，中火炒匀，煮沸。

6 倒入备好的水淀粉，大火勾芡，盛出，淋在蒸好的茄子上即可。

香辣肉末茄子

🕐 烹饪时间：11分钟

🐟 **主料**

茄子300克，五花肉100克

🍶 **辅料**

葱10克，姜10克，蒜10克，豆瓣酱8克，白糖5克，盐1克，生抽5毫升，料酒15毫升，食用油45毫升

> **● 大厨有话说**
>
> 茄子可清热解暑，对于容易长痱子、生疮疖的人尤为适宜。此外，茄子还能抑制消化道肿瘤细胞的增殖。

🍴 **做法**

1 茄子洗净，切小滚刀块；五花肉剁成泥；葱切葱花；蒜切片；姜切末。

2 将肉泥装碗，倒入料酒，拌匀，腌制15分钟。

3 锅中倒油烧热，放入姜末、蒜片、豆瓣酱，炒出红油。

4 放入肉末，中火炒至变色。

5 放入茄子，小火煎炒6分钟，中途可以不时加盖，焖煎至茄子熟透。

6 加入白糖、盐、生抽，炒至茄子变得软烂入味，撒上葱花，盛出即可。

炒三丁

🕐 烹饪时间：4分钟

🐟 **主料** ——————————
豌豆150克，火腿肠120克，玉米粒100克

🍶 **辅料** ——————————
盐1克，鸡粉2克，蚝油5克，水淀粉10毫升，食用油15毫升

◆ **大厨有话说** ▷

豌豆含有丰富的维生素A原。维生素A原可在体内转化为维生素A，具有润泽皮肤的作用。

🥄 **做法** ——————————

1 火腿肠切成1厘米大小的小丁。

2 锅中倒油烧热，放入豌豆、玉米粒，翻炒至豌豆粒熟透。

3 放入火腿肠，炒匀，放入盐、鸡粉、蚝油，拌匀。

4 加入水淀粉勾芡，关火，盛出即可。

青椒炒肉

🕐 烹饪时间：6分钟

🐟 主料 ——————

五花肉250克，青椒120克

🍶 辅料 ——————

蒜15克，盐1克，生抽20毫升，食用油20毫升

▶ 大厨有话说 ▷

　　选购青椒的时候，要选择外形饱满、色泽浅绿、有光泽、肉质细腻、气味微辣略甜、用手掂感觉有分量的。

🐟 做法 ——————

1 五花肉切片；青椒切菱形片；蒜切粒。

2 锅中倒油烧热，放入蒜粒，爆香，放入五花肉，中火炒至变色。

3 放入青椒，大火翻炒片刻。

4 放入盐、生抽，炒匀，盛出即可。

客家酿豆腐

🕐 烹饪时间：8分钟

🐟 主料 ——————
豆腐300克，五花肉70克，水发香菇10克

🍶 辅料 ——————
葱10克，盐2克，白胡椒粉2克，生粉3克，蚝油3克，生抽3毫升，老抽3毫升，食用油20毫升

◆ 大厨有话说 ▶

　　大豆蛋白属于完全蛋白质，其氨基酸组成比较好，人体所必需的氨基酸它几乎都有。有条件的家庭可以用大豆在家自己制作豆腐，卫生、营养皆有保障。

🐟 做法 ——————

1 豆腐切成2厘米宽的长方块，然后用小勺子在中间挖一个小坑；五花肉切末；水发香菇剁末；葱洗净，葱白切末，葱叶切葱花。

2 将肉末装碗，加入1克盐、1克白胡椒粉、生抽抓匀，搅拌上劲，再加入葱白末、香菇末，拌匀，制成馅料，备用；先将豆腐坑抹匀3克生粉，再将备好的馅料均匀地放入豆腐坑中，制成酿豆腐坯子，备用。

3 锅中倒油烧热，将豆腐依次放入锅中，有肉馅的一面朝下，倒入100毫升水，再放入1克盐、1克白胡椒粉、蚝油、老抽，拌匀，盖上锅盖，中火焖煎2分钟。

4 揭盖，将豆腐逐个翻面，再盖上锅盖，煎成淡黄色，揭盖，撒入葱花，盛出即可。

竹笋腐竹烧肉

🕐 烹饪时间：38分钟

🐟 **主料** ——
五花肉300克，竹笋100克，腐竹60克

🍶 **辅料** ——
葱10克，姜10克，八角2克，桂皮2克，冰糖15克，盐2克，鸡粉2克，生抽15毫升，料酒15毫升，食用油15毫升

> **• 大厨有话说**

　　腐竹中所含的磷脂能降低血液中胆固醇的含量，达到防治高脂血症、动脉硬化的效果。一般人群均可食用，但是严重肝病、肾病、黄豆过敏者不宜食用。

🐟 **做法** ——

1 五花肉切成1厘米厚的小块；竹笋切小段；葱切葱花；姜切片；腐竹掰断装碗，倒入300毫升温水，泡30分钟变软后捞出，沥干。

2 锅中倒入水，放入猪肉，加入姜片、料酒，焯水3分钟，捞出沥干；另起锅倒水，放入竹笋，焯水3分钟，捞出。

3 锅中倒油烧热，放入冰糖，熬出糖色，放入猪肉块，小火翻炒片刻，裹上糖色，放入竹笋，继续翻炒片刻，加入生抽、八角、桂皮，再倒入800毫升水，盖上锅盖，大火炖煮3分钟。

4 揭盖，放入腐竹，加入盐、鸡粉，搅拌匀，盖上锅盖，小火炖煮27分钟，中火收汁至浓稠，撒入葱花，盛出即可。

畜肉

萝卜炖肉

🕐 烹饪时间：47分钟

🐟 主料
五花肉350克，白萝卜300克

🍶 辅料
葱10克，姜10克，八角2克，桂皮4克，冰糖20克，盐2克，生抽15毫升，花雕酒50毫升，食用油15毫升

▸ 大厨有话说 ◂

　　应选购根须挺直、根形圆整的白萝卜，不要买根须杂乱、分叉多的，这可能是糠心萝卜。

🐟 做法

1 五花肉切2厘米大小的块；白萝卜切块；葱切葱花；姜切片。

2 锅中倒水，放入五花肉，焯水3分钟，捞出沥干，备用。

3 锅中倒油烧热，放入冰糖，熬成糖色，倒入五花肉，煸炒上色，倒入花雕酒，加入八角、桂皮，倒入500毫升开水，加入白萝卜、姜片，煮沸，盖上锅盖，小火炖煮35分钟至食材熟透变软。

4 揭盖，加入盐、生抽，拌匀，撒入葱花，盛出即可。

醋熘木樨肉

🕐 烹饪时间：6分钟

🐟 主料

黄瓜150克，鸡蛋100克，瘦肉100克，干木耳8克，小米椒10克

🍶 辅料

葱10克，盐2克，鸡粉2克，水淀粉30毫升，蚝油5克，香醋10毫升，食用油75毫升

● 大厨有话说

　　黄瓜中富含蛋白质、钙、磷、铁、钾、胡萝卜素、维生素B_2、维生素C、维生素E及烟酸等营养素。黄瓜所含的钾盐十分丰富，具有加速血液新陈代谢、排泄体内多余盐分的作用。故肾炎、膀胱炎患者生食黄瓜，对机体康复有良好的效果。

🐟 做法

1 将干木耳用凉水泡发1小时后洗净，切条；黄瓜洗净，切菱形片；瘦肉切细片；小米椒切圈；葱切段。

2 取一空碗，打入鸡蛋，打散，备用。

3 取一空碗，放入肉片，加入10毫升水淀粉，拌匀，腌制10分钟，备用。

4 锅中倒入30毫升油烧热，放肉片炒至变色，盛出。

5 锅中倒入15毫升油烧热，放入鸡蛋液，滑炒至熟透，盛出。

6 锅中倒入30毫升油烧热，放入葱段、小米椒，爆香，放入木耳、黄瓜片，炒匀，放入鸡蛋、肉片，炒匀，再加入鸡粉、盐、香醋、蚝油，炒匀，放入20毫升水淀粉，大火勾芡即可。

猪肉白菜炖粉条

🕐 烹饪时间：34分钟

🐟 **主料**

五花肉250克，大白菜250克，干红薯粉条50克

🧂 **辅料**

大葱45克，姜10克，小葱10克，蒜10克，八角1克，香叶0.2克，冰糖3克，盐3克，生抽10毫升，老抽3毫升，料酒15毫升，食用油15毫升

• **大厨有话说** ▷

　　若喜欢五花肉更软糯的口感，可适当延长炖煮的时间。粉条入锅后尽量不要将其搅动到锅的底部，以免煳锅。

🐟 **做法**

1 将干红薯粉条放入容器中，加500毫升温水泡发30分钟，捞出洗净。

2 将五花肉切成大小等同的方块；大白菜叶掰开，切成段；大葱切段；姜去皮，切片；蒜压扁；小葱切葱花。

3 锅中倒油烧热，倒入五花肉，中火煎炒出油脂，倒入大葱段、姜片、蒜、八角、香叶，煸炒出香味，放入冰糖、生抽、老抽、料酒，拌匀，加入800毫升清水，盖上锅盖，小火炖煮23分钟。

4 待五花肉炖煮至软糯时，揭盖，放入白菜，再放入泡发好的粉条、盐，拌匀，继续炖煮5分钟，盛出装盘，撒上葱花即可享用。

芥蓝炒腊肉

🕐 烹饪时间：4分钟

🐟 主料

芥蓝400克，腊肉200克，红椒15克

🫙 辅料

姜10克，盐1克，鸡粉2克，食用油15毫升

✎ 做法

1 腊肉切薄片；芥蓝洗净，切长条；红椒切条；姜切片。

2 锅中倒水烧开，放入腊肉，焯水30秒后捞出沥干，备用。

3 锅中倒水烧开，放入芥蓝，焯水1分钟后捞出沥干，备用。

4 锅中倒油烧热，放入姜片，大火爆香。

5 放入腊肉，中火炒至出油，放入芥蓝，翻炒均匀。

6 放入红椒条，加入盐、鸡粉，炒匀即可。

糖醋里脊

🕐 烹饪时间：9分钟

🐟 主料

猪里脊肉220克

🫙 辅料

葱10克，姜10克，蒜10克，白糖25克，盐1克，生粉41克，白醋40毫升，生抽15毫升，蛋清30克，料酒15毫升，食用油615毫升

• 大厨有话说

　　猪肉条入锅炸时，最好保持直条状态，炸出的肉条才会笔直。酱汁入锅后宜快速拌炒，使里脊肉条均匀裹上酱汁。

🐟 做法

1 将猪里脊肉洗净，切条；葱洗净，切葱花；姜去皮，切丝；蒜去皮，切片。

2 碗中装入白糖、1克生粉、白醋、生抽、30毫升水拌成糖醋汁。

3 取一容器，放入肉条，加入盐、料酒，拌匀，腌制10分钟入味，再加入蛋清、40克生粉，拌匀，再倒入15毫升食用油，将肉条挂糊。

4 锅中倒入600毫升油烧热，逐片地夹入肉条，大火炸至表面微微变黄，捞出。

5 锅底留15毫升油烧热，放入姜丝、蒜片，爆香，倒入之前调好的酱汁，中火煮开。

6 倒入里脊肉炒匀，裹上汁，撒入葱花即可。

蒜泥白肉

🕐 烹饪时间：52分钟

🐟 主料 ———————

五花肉600克，莴苣70克

🍶 辅料 ———————

葱10克，姜10克，蒜50克，八角2克，桂皮6克，白糖1克，盐2克，辣椒油10毫升，香醋20毫升，生抽15毫升，料酒15毫升

▸ 大厨有话说

　　优质的五花肉肥瘦相间，肥瘦适当。油脂分布在五花肉的位置要适当，最好一层一层。不好的五花肉，肥腻部位不均匀，容易造成口感过分油腻。

🐟 做法 ———————

1 莴苣去皮，切细丝；葱洗净，切段；姜切末；蒜切末。

2 锅中倒入600毫升水，烧开，放入莴苣丝，焯2分钟至熟后捞出沥干，放入盘中垫底。

3 取一空碗，放入姜末、蒜末、白糖、盐、辣椒油、香醋、生抽，拌匀，调成味汁。

4 锅中加入水，放入五花肉，加入料酒、八角、桂皮、葱段，盖上锅盖，小火炖煮15分钟，揭盖，将五花肉翻面，再盖上锅盖，继续炖煮35分钟至五花肉熟透，捞出，切片，平铺在莴苣丝上，搭配味汁即可。

东北锅包肉

🕐 烹饪时间：9分钟

🐟 主料

猪里脊肉200克，胡萝卜10克

🍶 辅料

大葱10克，姜10克，蒜10克，番茄酱30克，土豆淀粉80克，白糖30克，盐2.5克，白醋45毫升，料酒15毫升，食用油600毫升

• 大厨有话说 ▷

　　热油时可以将筷子放入锅里，有细密的小泡出现，就说明油温够了。炸肉时肉和淀粉里的水分会被解析出来，所以需要再翻一次面，炸至两面淀粉都膨起来。

🐟 做法

1. 猪里脊肉逆纹切片；胡萝卜洗净，切丝；大葱洗净，切丝；姜去皮，切丝；蒜去皮，切片。

2. 取一容器，用水将土豆淀粉调成水淀粉，静置分层后，将水倒去2/3；肉片中放入料酒、盐抓匀，腌制15分钟，倒入装有水淀粉的碗中拌匀，备用。

3. 锅中注油烧热，将肉片逐片放入锅中，定型后轻轻搅动，炸至两面微黄，捞出，待油温升高后，再将肉片放入油锅，复炸至两面呈金黄色后捞出，控油。

4. 锅底留15毫升油烧热，倒入番茄酱、白糖、白醋加热至起泡，放入蒜片、胡萝卜丝、大葱丝、姜丝和炸好的肉片，一起翻炒均匀即可。

鱼香猪肝

🕐 烹饪时间：9分钟

🐟 主料
猪肝400克

🍶 辅料
葱10克，干葱头20克，姜20克，蒜20克，红泡椒末30克，白糖15克，盐6克，鸡粉2克，胡椒粉1克，生粉33克，香醋10毫升，生抽15毫升，食用油30毫升，啤酒300毫升

• 大厨有话说
　　新鲜的猪肝呈褐色或紫色，用手按压坚实有弹性，有光泽，无腥臭异味。

🐟 做法

1　将猪肝切成0.2厘米厚的薄片备用；葱洗净，打成葱结；干葱头切末；姜去皮，15克切末，5克切片；蒜切末；猪肝装碗，加入150毫升啤酒、5克盐，抓洗2分钟，沥干，再加入600毫升水，洗净，浸泡1小时，捞出沥干，加入1克盐、30克生粉，拌匀，备用。

2　取一空碗，加入白糖、鸡粉、香醋、生抽、胡椒粉、100毫升水、3克生粉，拌匀，调成料汁，备用。

3　锅中倒入400毫升水，放入葱结、姜片，倒入150毫升啤酒，大火煮沸，放入猪肝，煮至熟透，撇去葱姜，捞出猪肝，放入盘中备用。

4　锅中倒入30毫升油烧热，放入干葱头末、姜末、蒜末、红泡椒末，爆香，倒入调好的料汁，中火炖煮至汤汁浓稠，淋在炒好的猪肝上即可。

蒜香排骨

🕐 烹饪时间：15分钟

🐟 **主料** ────────────

排骨500克，糯米粉15克

🧴 **辅料** ────────────

蒜50克，白糖2克，盐2克，鸡粉2克，食用油600毫升

┌ • 大厨有话说 ⟩

　　用糯米粉腌制排骨时，糯米粉不宜放太多，否则影响其口感。

🍗 **做法** ────────────

1 排骨斩成2厘米宽的小段；蒜去皮，40克切粒，10克切片。

2 排骨装碗，加入蒜片、鸡粉、盐、白糖、糯米粉，拌匀，腌制2小时。

3 锅中倒油烧热，放入排骨，大火炸至金黄，捞出排骨。

4 锅底留15毫升油加热，放入蒜粒，炒至金黄，放入排骨，中火翻炒均匀，盛出即可。

蜜汁排骨

🕐 烹饪时间：41分钟

🐟 **主料** ━━━━━━━

排骨400克

🍶 **辅料** ━━━━━━━

葱10克，姜10克，蒜10克，白糖30克，盐1克，蜂蜜10克，熟白芝麻2克，叉烧酱10克，生抽15毫升，香醋10毫升，食用油600毫升

> **• 大厨有话说** ▷

　　芝麻既小又轻，漂洗时容易随水流失。这时可以做一个布袋，把芝麻全部装进去，对准水龙头，用另一只手在布袋外搓洗，直至流下的水变干净为止。然后把布袋扎好，放到通风的地方晾干，随用随取。

畜肉

🍴 **做法** ━━━━━━━

1　排骨洗净，斩成5厘米长的段；葱切段；姜切片；蒜切片。

2　排骨装碗，加入葱段、姜片、蒜片，再加入盐、生抽、叉烧酱、蜂蜜，拌匀，腌制1小时入味。

3　锅中倒油烧热，放入排骨，立即搅动几下，炸至表皮焦黄，盛出。

4　锅中留15毫升油加热，放入排骨、白糖、500毫升水，盖上锅盖，小火炖煮30分钟，至排骨熟透，揭盖，放入香醋，大火收汁至汤汁浓稠，撒入熟白芝麻即可。

酸辣肥肠

🕐 烹饪时间：8分钟

🐟 主料

肥肠300克，青椒50克，泡荞头20克，泡姜20克，小米椒10克

🧂 辅料

姜10克，盐1克，鸡粉1克，白糖5克，白醋40毫升，水淀粉10毫升，酸辣鲜露30毫升，料酒30毫升，食用油30毫升

• 大厨有话说

　　给肥肠余水时可以多加点料酒，能更好地去味。肥肠含有多种营养成分，含有丰富的蛋白质、多种维生素以及铁、锌等微量元素，胃口不佳者食用肥肠，可以有效增强食欲。

🐟 做法

1 肥肠切成2厘米大小的小段，洗净，备用；青椒切菱形片，备用；小米椒切圈，备用；姜切片；泡姜切片；泡荞头对半切开。

2 锅中倒水烧开，放入肥肠，加入料酒，煮4分钟至肥肠半熟，捞出沥干，备用。

3 锅中倒油烧热，放入姜片、小米椒，爆香。

4 放入盐、鸡粉、白糖、白醋、酸辣鲜露，小火炒匀。

5 放入泡姜、泡荞头、青椒片，中火快速翻炒。

6 放入肥肠，翻炒均匀，倒入水淀粉勾芡，盛出装盘即可。

姜葱炒牛肚

🕐 烹饪时间：4分钟

🐟 主料
熟牛肚250克，红椒50克

🍶 辅料
葱10克，姜10克，盐1.5克，鸡粉2克，胡椒粉1克，生抽10毫升，料酒15毫升，食用油30毫升

• 大厨有话说

　　好的牛肚组织坚实、有弹性、黏液较多，色泽略带浅黄。牛肚含蛋白质、脂肪、钙、磷、铁、B族维生素等，具有补益脾胃，补气养血，补虚益精等功效，适宜于病后虚弱、气血不足、营养不良、脾胃虚弱之人。

🍴 做法

1 将牛肚切长条；红椒洗净，去籽，切片；葱洗净，切段；姜去皮，切片。

2 锅中倒油烧热，放入姜片，爆香。

3 加入熟牛肚，翻炒均匀。

4 加入红椒、料酒、盐、鸡粉、胡椒粉、生抽，小火翻炒均匀，加入葱段即可。

小炒牛肉

🕐 烹饪时间：10分钟

🐟 **主料** ————

牛肉250克，青椒30克，红椒30克，小米椒10克

🧂 **辅料** ————

姜10克，蒜10克，白糖2克，盐1.5克，鸡粉1克，生粉2克，生抽5毫升，料酒10毫升，食用油45毫升

⟩ **大厨有话说** ⟨

　　新鲜牛肉有光泽，红色均匀，脂肪呈洁白色或淡黄色；外表微干或有风干膜，不粘手，弹性好。如不慎买到老牛肉，可急冻再冷藏一两天，肉质可稍变嫩。需要注意的是，内热、皮肤病、肝病、肾病患者应慎食牛肉。

🍗 **做法** ————

1 青、红椒切片；小米椒切圈；姜切片；蒜切片；牛肉切片。

2 牛肉装碗，放入0.5克盐、鸡粉、1克白糖、生粉、料酒、生抽，拌匀，腌制15分钟。

3 锅中倒入30毫升油烧热，放入牛肉片，大火炒至变色，盛出。

4 锅中倒入15毫升油烧热，放入姜片、蒜片、小米椒，炒香，放入青椒片、红椒片，中火翻炒断生，放入1克盐、1克白糖，炒匀，加入牛肉片，翻炒均匀，盛出即可。

五香牛肉

🕐 烹饪时间：1小时16分钟

🐟 主料
牛腱肉500克

🍶 辅料
香菜10克，葱10克，姜10克，八角2克，香叶0.2克，桂皮6克，陈皮3克，干辣椒3克，冰糖10克，生抽30毫升，老抽30毫升，料酒30毫升

• 大厨有话说
　　牛肉肉质较硬，切片时刀要与肉的纹理垂直，这样能把肉筋切断，方便咀嚼食用。

🍗 做法

1 将香菜洗净，切段；葱洗净，切段；姜去皮，切片。

2 锅中倒入水烧开，放入牛腱肉，加入姜片、料酒，焯水片刻，撇去浮沫，捞出沥干，备用。

3 锅中倒入2000毫升水，放入葱段、干辣椒、冰糖、八角、香叶、桂皮、陈皮、生抽、老抽，煮7分钟。

4 放入牛腱肉，盖上锅盖，小火炖煮68分钟至软烂入味，盛出牛腱肉，切片装盘，再撒上香菜即可。

畜肉

杭椒牛肉

🕐 烹饪时间：9分钟

🐟 主料

牛肉300克，洋葱50克，杭椒50克，蛋清20克

🍶 辅料

姜10克，蒜10克，白糖3克，盐1克，鸡粉2克，生粉3克，黑胡椒碎1克，蚝油10克，水淀粉15毫升，生抽40毫升，料酒10毫升，食用油605毫升

▶ 大厨有话说

　　牛肉富含蛋白质、碳水化合物、氨基酸、钾、磷、钠、镁、钙、铁等成分，对生长发育及手术后、病后调养的人在补充失血和修复组织等方面特别适宜。多吃牛肉，对肌肉生长有好处。

🐟 做法

1 牛肉逆着纹理切成长条；洋葱切片；杭椒切斜段；姜切片；蒜切片。

2 牛肉装碗，放入30毫升生抽、1克白糖、1克鸡粉、黑胡椒碎、生粉、蛋清、30毫升水、5毫升食用油，拌匀，腌制15分钟。

3 锅中倒入600毫升油烧热，放入腌好的牛肉，大火滑油片刻，捞出。

4 锅中留15毫升底油，加热，放入姜片、蒜片，爆香，放入洋葱，中火炒匀。

5 放入杭椒、2克白糖、盐、1克鸡粉、料酒，炒匀。

6 倒入牛肉，炒匀，加入蚝油、10毫升生抽，炒匀上色，倒入水淀粉，大火勾芡即可。

啤酒牛腩煲

🕐 烹饪时间：1小时6分钟

🐟 主料

牛腩350克，土豆100克，胡萝卜70克，洋葱50克

🧂 辅料

蒜20克，香菜10克，番茄酱20克，盐2克，鸡粉2克，黑胡椒粉1克，辣椒油5毫升，食用油30毫升，啤酒500毫升

• 大厨有话说 〉

牛腩是牛腹部及靠近牛肋骨处的松软肌肉，带有肉、少量脂肪和筋。牛腩含有矿物质和B族维生素，包括维生素B_1、维生素B_2和维生素B_3。此外，牛腩还是人体每天所需要的铁质的最佳来源。

🐟 做法

1. 牛腩切1厘米大小的小块；土豆去皮，切1厘米大小的小块；胡萝卜去皮，切1厘米大小的小块；洋葱切小粒；蒜切片；香菜切段。

2. 锅中倒入水，放入牛腩，焯水3分钟后捞出沥干，备用。

3. 锅中倒油烧热，放入牛腩，煎至表面微微焦黄，放入蒜片、洋葱粒，爆香，放入番茄酱，中火翻炒，倒入啤酒，再加入300毫升水，盖上锅盖，小火煮40分钟，至牛肉熟透。

4. 揭盖，放入土豆块、胡萝卜块，拌匀，盖上锅盖，炖煮15分钟至入味，揭盖，加入盐、鸡粉、黑胡椒粉、辣椒油，搅拌均匀，大火煮至汤汁浓稠，撒入香菜即可。

禽蛋

辣炒鸡胗

🕐 烹饪时间：4分钟

🐟 主料

鸡胗400克，青椒30克

🍶 辅料

葱10克，姜10克，蒜15克，小米椒15克，老干妈酱30克，生抽30毫升，料酒30毫升，食用油30毫升

• 大厨有话说

　　鸡胗就是鸡的胃，又称"鸡肫"，含碳水化合物、蛋白质、纤维素、维生素A、维生素E、镁、铁、磷等成分；有增加胃液分泌量和胃肠消化能力，加快胃的排空速率等作用。买的新鲜鸡胗不妨先用开水氽烫片刻，这样能去除异味。

🐟 做法

1 鸡胗洗净，切片；青椒切小片；小米椒切圈；葱切段；姜切末；蒜切末。

2 锅中倒水烧开，倒入鸡胗，加入料酒，焯水3分钟，撇去浮沫，捞出沥干，备用。

3 锅中倒油烧热，放入葱段、小米椒、姜末、蒜末，炒香，放入鸡胗，炒匀。

4 加入老干妈酱、生抽，炒匀，再放入青椒，炒匀，盛出装盘即可。

板栗烧鸡

🕐 烹饪时间：41分钟

🐟 主料

鸡肉600克，板栗仁200克，青椒10克，红椒10克

🍶 辅料

葱10克，姜10克，蒜10克，盐2克，鸡粉2克，生抽15毫升，老抽5毫升，料酒15毫升，食用油30毫升

大厨有话说

陈年板栗表面光亮，只在尾尖有少许毛，而新鲜板栗尾部的毛比较多。

🍴 做法

1 鸡肉洗净，剁小块；青、红椒切片；葱切段；姜切丝；蒜切片。

2 锅中倒入水，放入鸡块，加入料酒，焯水3分钟，捞出沥干，备用。

3 锅中倒油烧热，放入葱段、姜丝、蒜片，爆香，倒入鸡块，炒至表皮微黄。

4 加入生抽、老抽、盐、鸡粉，炒匀。

5 放入板栗仁，再倒入500毫升水，煮沸。

6 加盖，小火炖煮30分钟至食材熟透，揭盖，放入青、红椒，大火翻炒至收汁即可。

蜜汁鸡翅

🕐 烹饪时间：14分钟

🐟 **主料** ——————

鸡中翅500克

🍶 **辅料** ——————

蒜25克，盐2克，蜂蜜25克，白芝麻1克，生抽20毫升，料酒15毫升，食用油45毫升

·大厨有话说〉

　　鸡翅肉比较厚，如果喜欢味道重一点的可以多腌制片刻。鸡翅收汁时还可加入适量番茄汁，会让鸡翅的口感和色泽更佳。

🐟 **做法** ——————

1 鸡中翅洗净，切花刀；蒜切末。

2 鸡中翅装碗，放入蒜末、盐、蜂蜜、生抽、料酒，拌匀，腌制15分钟。

3 锅中倒油烧热，放入鸡中翅，中火煎至一面呈金黄色，翻面，将另一面也煎至呈金黄色。

4 倒入200毫升水，加入腌鸡翅的酱汁，轻轻搅动，大火收汁至浓稠，撒入白芝麻，盛出即可。

卤蛋烧鸡腿

🕐 烹饪时间：17分钟

🐟 主料

鸡腿550克，鹌鹑蛋100克

🫙 辅料

葱10克，姜10克，冰糖15克，盐1克，鸡粉2克，水淀粉15毫升，生抽15毫升，老抽5毫升，料酒15毫升，食用油15毫升

• 大厨有话说 ⟩

　　鸡腿肉的蛋白质含量较高，而且很容易被人体吸收利用，有增强体力、强壮身体的作用。此外，它还含有对人体生长发育有重要作用的磷脂类，是中国人膳食结构中脂肪和磷脂的重要来源之一。

🥄 做法

1 鸡腿洗净，切小块；葱切段；姜切小片。

2 锅中倒水烧开，放入鹌鹑蛋，煮2分钟，捞出沥干，去壳，备用。

3 锅中倒油烧热，放入姜片，爆香，放入鸡腿，煸炒至焦黄色，放入料酒、盐、冰糖、鸡粉、生抽、老抽，翻炒均匀，倒入400毫升水，盖上锅盖，小火炖煮3分钟。

4 揭盖，放入剥壳的鹌鹑蛋，盖上锅盖，继续炖煮5分钟，揭盖，放入水淀粉，大火勾芡，撒入葱段炒匀即可。

椒盐鸭舌

🕐 烹饪时间：12分钟

🐟 **主料**

鸭舌350克，小米椒10克

🍶 **辅料**

椒盐3克，淀粉20克，糯米粉80克，料酒15毫升，食用油600毫升

◆ 大厨有话说 ◇

　　鸭舌中含有较为丰富的烟酸，它是构成人体内两种重要辅酶的成分之一，对心肌梗死等心脏疾病患者有益。此外，鸭舌对营养不良、畏寒怕冷、乏力疲劳、月经不调、贫血、虚弱等症有很好的食疗作用。

🥄 **做法**

1 小米椒洗净，切圈；碗中装入鸭舌，倒入开水，洗净表面黏液，备用。

2 再取一空碗，放入鸭舌，加入料酒、淀粉，拌匀，腌制2小时，取出，均匀裹上糯米粉。

3 锅中倒油烧热，放入鸭舌，可轻微搅拌，中火炸至表面金黄，盛出。

4 锅内留15毫升油加热，放入小米椒，炒香，倒入鸭舌，中火翻炒均匀，撒上椒盐，翻炒均匀即可。

辣椒炒鸭肉

⏲ 烹饪时间：20分钟

🐟 **主料** ——————————
鸭肉500克，青椒25克，红椒25克

🍶 **辅料** ——————————
姜10克，蒜10克，干辣椒3克，白糖1克，盐2克，鸡粉2克，生抽15毫升，食用油30毫升

⌐ **大厨有话说** ⌐
　　鸭肉富含蛋白质、碳水化合物、维生素A、B族维生素、钾、磷、钠、铁、脂肪等，营养丰富。

🍗 **做法** ——————————

1 鸭肉斩成3厘米大小的小块；青、红椒切菱形片；姜切片；蒜切片。

2 锅中倒油烧热，放入姜片、蒜片，炒出香味，放入鸭肉，翻炒至微微焦黄。

3 加入白糖、盐、鸡粉、生抽、干辣椒，拌匀，再倒入250毫升水，盖上锅盖，小火炖煮9分钟。

4 揭盖，中火炖煮收汁，放入青、红椒片，小火翻炒至断生，盛出即可。

啤酒鸭

🕐 烹饪时间：37分钟

🐟 **主料** ─────

鸭肉600克

🍶 **辅料** ─────

葱10克，姜20克，蒜15克，青椒30克，小米椒10克，八角2克，白糖3克，盐1克，鸡粉2克，蚝油10克，生抽15毫升，老抽5毫升，料酒30毫升，啤酒300毫升，食用油30毫升

• **大厨有话说** ﹥

鸭肉营养价值很高，是进补的优良食品。鸭肉肉质鲜美，烹调时不宜加入太多盐，以免影响口感。

🐟 **做法** ─────

1 将鸭肉斩成小块；葱洗净，切段；姜去皮，切片；蒜去皮，切片；青椒去蒂，切圈；小米椒切圈。

2 锅中倒水，放入鸭肉、15毫升料酒，焯水2分钟，捞出沥干，备用。

3 锅中倒油烧热，放入姜片、蒜片、葱段、小米椒、青椒、八角，炒香。

4 放入鸭肉，中火翻炒至鸭肉焦黄，放入15毫升料酒、老抽、生抽，翻炒均匀。

5 倒入啤酒，倒入350毫升水，大火略煮2分钟。

6 加入鸡粉、盐、白糖、蚝油，拌匀，盖上锅盖，小火炖煮23分钟，至鸭肉入味，中火收汁即可。

香酥鸭

🕐 烹饪时间：1小时8分钟

🐟 主料

鸭1只（800克）

🍾 辅料

葱20克，姜20克，蒜10克，八角4克，粗盐35克，花椒15克，桂皮20克，料酒50毫升，食用油1200毫升

• 大厨有话说

经常食用鸭肉，除能补充人体必需的多种营养成分外，对一些低烧、食少、口干和水肿的人也有很好的食疗效果。

🐟 做法

1 鸭肉洗净，装盘；葱切段；姜切片；蒜切片。

2 用粗盐和花椒抹遍鸭子全身，加入葱段、10克姜片、蒜片、八角、桂皮，淋入30毫升料酒，拌匀，盖上保鲜膜，放入冰箱，腌制24小时。

3 取出鸭子洗净，再加入10克姜片、20毫升料酒，放入蒸盘。

4 锅中加水，放上装有鸭子的蒸盘，盖上锅盖，大火蒸45分钟至熟透，取出。

5 锅中倒油烧热，放入鸭子，中火炸6分钟。

6 把鸭子翻面，将另一面炸13分钟至金黄，盛出，待放凉后斩块即可。

卤鸭胗

🕐 烹饪时间：48分钟

🐟 **主料**

鸭胗500克

🍶 **辅料**

八角5克，干辣椒3克，桂皮10克，花椒5克，香叶0.3克，盐20克，冰糖15克，黄酒30毫升

〔•大厨有话说〕

　　鸭胗含有大量的碳水化合物、蛋白质、脂肪、矿物质和维生素等。平时人们食用鸭胗能快速吸收和利用这些营养物质，对促进身体代谢和提高身体素质有很大的好处。

🐟 **做法**

1 鸭胗洗净，备用；桂皮拍散。

2 锅中倒入水，放入鸭胗，焯水，去除血污和腥味后，捞出沥干，备用。

3 锅中加入1800毫升水，放入鸭胗，加入八角、干辣椒、桂皮、花椒、香叶、盐、冰糖、黄酒，搅拌均匀。

4 盖上锅盖，小火煮45分钟，至食材入味，盛出全部食材及卤水，放入大碗中焖2小时即可。

麻辣鸭掌

🕐 烹饪时间：39分钟

🐟 主料

鸭掌300克

🍶 辅料

姜20克，蒜15克，八角3克，桂皮5克，花椒5克，干辣椒12克，白糖20克，盐7克，料酒15毫升，食用油15毫升

> **• 大厨有话说**
>
> 　　鸭掌含有蛋白质、碳水化合物、维生素A、核黄素、烟酸、钙、磷、钾等营养成分，低糖，少脂肪，所以是绝佳的减肥食品，非常适合减肥人士食用。

🐟 做法

1 鸭掌洗净，剪去指甲部分，沥干备用；姜切片；蒜切片。

2 锅中倒水，放入鸭掌，加入10克姜片、料酒，焯去血污和腥味，捞出沥干，备用。

3 锅中倒油烧热，放入白糖，翻炒熬成糖色。

4 放入鸭掌，小火裹匀糖色。

5 待鸭掌上色后，放入10克姜片、蒜片、八角、桂皮、花椒、干辣椒、盐，炒匀，再倒入500毫升水，大火炖2分钟。

6 盖上锅盖，小火炖28分钟至鸭掌入味，揭盖，大火收汁，盛出即可。

香辣鸭脖

🕐 烹饪时间：50分钟

🐟 **主料**

鸭脖700克

🍶 **辅料**

葱20克，姜20克，花椒8克，干辣椒10克，香叶0.2克，冰糖10克，盐15克，八角4克，生抽15毫升，老抽15毫升，黄酒30毫升

• **大厨有话说**

在烹饪鸭脖前，宜用流动的清水冲洗鸭脖，然后加少许料酒和生抽腌制约30分钟后再余水，能很好地减少鸭脖的腥味。卤制要不时翻动鸭脖，使其更加入味。

🐟 **做法**

1. 鸭脖洗净；葱打葱结；姜切片。

2. 锅中倒水，放入鸭脖，加入黄酒，煮4分钟后捞出沥干，备用。

3. 锅中倒水，放入鸭脖、葱结、姜片、花椒、香叶、干辣椒、冰糖、盐、生抽、老抽、八角，盖上锅盖，炖煮卤制45分钟至入味。

4. 卤好后请继续浸泡鸭脖，食用时再捞出，可切成小段食用。

家常赛螃蟹

🕐 烹饪时间：4分钟

🐟 主料 ————
鸡蛋200克，虾米8克

🍶 辅料 ————
葱10克，姜15克，白糖6克，鸡粉1克，生抽8毫升，香醋8毫升，食用油30毫升

• 大厨有话说

　　鸡蛋对营养不良、体质虚弱、贫血等症以及幼儿营养不良等有很好的食疗效果。

🐟 做法 ————

1 葱切葱花；姜切末；鸡蛋打入碗中，打散，备用。

2 取一空碗，加入白糖、生抽、香醋、鸡粉，拌匀，调成味汁，备用；虾米装碗，加入300毫升水，浸泡一会，再洗净备用。

3 锅中倒油烧热，放入姜末，爆香，放入虾米，炒匀。

4 放入鸡蛋，中火翻炒至凝固，再不断炒至散碎，倒入调好的味汁，炒匀，撒入葱花，盛出即可。

咸蛋黄豆腐

🕐 烹饪时间：8分钟

🐟 **主料** —————
嫩豆腐300克，咸蛋黄120克

🍶 **辅料** —————
葱10克，盐3克，食用油15毫升

▸ **大厨有话说** ◂

　　咸蛋黄为咸鸭蛋的蛋黄，而咸鸭蛋是以新鲜鸭蛋为主要原料经过腌制而成的再制蛋。咸鸭蛋营养丰富，含有蛋白质、维生素A、B族维生素、维生素D、钙、磷、铁等营养成分，具有保肝护肾、健脑益智、延缓衰老等功效。

🐟 **做法** —————

1　豆腐切成2厘米大小的正方块；咸蛋黄切碎粒；葱切葱花。

2　锅中倒油烧热，放入咸蛋黄丁，小火炒散。

3　倒入300毫升水，放入豆腐，加盐，盖上锅盖，大火炖煮4分钟。

4　待锅内汤汁剩余不多时，收汁至浓稠，撒入葱花，盛出即可。

韭菜炒鸡蛋

🕐 烹饪时间：4分钟

🐟 **主料** ——————

韭菜300克，鸡蛋150克

🍶 **辅料** ——————

盐2克，鸡粉2克，食用油45毫升

> • 大厨有话说

　　韭菜一年四季皆有，但冬季到春季出产的韭菜，叶肉薄且柔软，夏季出产的韭菜则叶肉厚且坚实。选购的时候宜选择韭菜叶带有光泽的，用手抓时叶片不会下垂，结实而新鲜水嫩的。

禽蛋

🍗 **做法** ——————

1 韭菜洗净，切段。

2 取一空碗，打入鸡蛋，打散，备用。

3 锅中倒入30毫升油烧热，放入鸡蛋液，炒至蛋液凝固，盛出鸡蛋，备用。

4 锅中倒入15毫升油烧热，放入韭菜，炒至五成熟，加入盐、鸡粉，继续炒匀，加入鸡蛋，炒匀，盛出即可。

青椒皮蛋

🕐 烹饪时间：5分钟

🐟 **主料** ━━━━━━━━━━
皮蛋200克，二荆条辣椒150克

🍶 **辅料** ━━━━━━━━━━
蒜15克，白糖2克，盐0.5克，鸡粉
1克，生抽15毫升，香醋15毫升，
食用油600毫升

・大厨有话说〉

　　选购辣椒的时候，要选择外形饱
满、色泽浅绿、有光泽、肉质细腻、
气味微辣略甜、用手掂感觉有分量
的。青椒特有的味道和所含的辣椒素
有刺激唾液和胃液分泌的作用，能增
强食欲，帮助消化，促进肠道蠕动，
防止便秘。

🐟 **做法** ━━━━━━━━━━

1 皮蛋剥壳，切四瓣，装盘备用；二荆条辣椒去蒂，
  洗净，用厨房纸吸干水分，备用；蒜切末。

2 取一空碗，加入蒜末、白糖、盐、鸡粉、生抽、香
  醋，拌匀，调成味汁，备用。

3 锅中倒油烧热，放入二荆条辣椒，大火炸至虎皮状。

4 捞出辣椒控油，稍晾凉后去皮，切末，置入装有皮
  蛋的碗中，再淋入调好的味汁即可享用。

豆豉鲮鱼
油麦菜

🕐 烹饪时间：4分钟

🐟 **主料** ————
油麦菜350克，豆豉鲮鱼40克

🫙 **辅料** ————
蒜15克，白糖1克，鸡粉1克，蚝油
2克，水淀粉20毫升，生抽5毫升，
食用油25毫升

• 大厨有话说 〉

　　油麦菜质地脆嫩，口感鲜嫩，
风味独特，含有大量维生素、钙、
铁、蛋白质等营养成分；其含有的
甘露醇等有效成分，有利尿和促进
血液循环的作用。

水产

🐟 **做法** ————

1 油麦菜洗净，切段；豆豉鲮鱼切1厘米大小的小块；
  蒜切末。

2 锅中倒油烧热，放入蒜末，爆香，放入油麦菜，炒
  匀，放入豆豉鲮鱼，翻炒均匀。

3 放入白糖、蚝油、鸡粉、生抽，炒匀。

4 放入水淀粉，大火勾芡，盛出装盘即可。

红烧鲳鱼

🕐 烹饪时间：18分钟

🐟 **主料** ——————

鲳鱼1条（400克），小米椒10克

🍶 **辅料** ——————

葱40克，姜20克，蒜40克，白糖5克，盐5克，鸡粉2克，生抽15毫升，料酒15毫升，食用油30毫升

• 大厨有话说 ▷

　　鲳鱼洗净擦干后，用保鲜膜包裹住，于冰箱冷藏保存，可保存5天左右；如果于冰箱冷冻保存，一般可放置3个月。

🐟 **做法** ——————

1 鲳鱼处理干净，两面鱼身切一字花刀；小米椒切圈；葱洗净，30克切葱段，10克切葱花；姜切厚片；蒜切厚片。

2 鲳鱼装碗，加入3克盐、30克葱段、10克姜片、10克蒜片、料酒，抹匀，腌制15分钟；取一空碗，倒入白糖、2克盐、鸡粉、生抽、300毫升水，拌匀，调成味汁，备用。

3 锅中倒油烧热，放入10克姜片、30克蒜片，爆香，放入鲳鱼，大火煎至一面微微焦黄，翻面，将另一面也煎至微微焦黄，放入调好的味汁，撒入小米椒，大火炖煮至沸腾。

4 盖上锅盖，小火炖煮10分钟，至鱼肉入味，揭盖，收汁至浓稠，撒入葱花即可。

红烧草鱼段

🕐 烹饪时间：12分钟

🐟 主料

草鱼500克，面粉100克，小米椒
10克，香菜10克

🧂 辅料

葱10克，姜10克，盐3克，鸡粉3
克，水淀粉20毫升，生抽10毫升，
老抽5毫升，料酒15毫升，红油10
毫升，食用油800毫升

• 大厨有话说 ▷

　　在煮制草鱼的过程中，要尽量减
少翻动，这样鱼块不容易碎。草鱼营
养丰富，具有抗衰老、养颜的功效，
有预防肿瘤等作用。

🐟 做法

1 草鱼切段；小米椒切圈；香菜、葱切段；姜切片。

2 草鱼段装碗，加入2克盐、鸡粉，拌匀，腌制10
分钟，放入面粉，裹匀，备用。

3 锅中倒油烧热，放入草鱼段，炸至金黄，盛出。

4 锅底留30毫升油加热，放入葱段、姜片、小米椒
圈，爆香，放入鱼块，煎制1分钟。

5 加入生抽、老抽、料酒，再倒入300毫升水，盖
上锅盖，煮至沸腾。

6 揭盖，加入1克盐，水淀粉勾芡，放入红油，撒
入香菜，盛出即可。

咸鱼茄子煲

🕐 烹饪时间：12分钟

🐟 主料

茄子200克，五花肉80克，咸鱼30克

🍶 辅料

葱10克，姜10克，蒜10克，白糖3克，鸡粉2克，生抽10毫升，食用油30毫升

> ◆ 大厨有话说 ◇
>
> 　　茄子含有黄酮类化合物，具有抗氧化功效，可以防止细胞癌变，同时也能降低血液中胆固醇含量，预防动脉硬化、调节血压、保护心脏。

🐟 做法

1 茄子去皮，切成拇指粗的条；五花肉切片；咸鱼切小块；葱切葱花；姜切丝；蒜切片。

2 锅中倒油烧热，放入蒜片、姜丝，大火爆香。

3 倒入五花肉、咸鱼，煸炒至出油且变色。

4 倒入生抽，加入300毫升水，翻炒均匀，大火煮沸。

5 再倒入茄子，炒匀，中火炖煮3分钟至茄子变软。

6 加入白糖、鸡粉，炒匀，煮3分钟至入味且汤汁浓稠，盛出，撒上葱花即可。

椒盐基围虾

🕐 烹饪时间：8分钟

🐟 主料 ———

基围虾300克

🍶 辅料 ———

葱10克，蒜15克，姜20克，红椒15克，椒盐5克，生粉10克，食用油600毫升

• **大厨有话说** ▷

    炸虾的时候需不断拨动虾身，以免虾子粘连在一起。基围虾营养丰富，尤其是它含有丰富的镁，镁对心脏活动具有重要的调节作用，能很好地保护心血管系统，它可减少血液中胆固醇含量，防止动脉硬化，同时还能扩张冠状动脉，有利于预防高血压及心肌梗死。

🐟 做法 ———

1 基围虾洗净，挑去虾线，切开背部；红椒切末；葱洗净，葱白切段，葱叶切葱花；蒜切末；生姜去皮切末。

2 将基围虾用厨房纸吸干水分，装入盘内，撒上生粉，裹匀。

3 锅中倒油烧热，放入基围虾，大火炸3分钟至虾皮表面酥脆，捞出。

4 锅底留15毫升油加热，放入葱白、蒜末、姜末、红椒末，煸香，倒入基围虾，翻炒匀，加入椒盐，炒匀，倒入葱花，翻炒片刻，盛出即可。

水产

十三香小龙虾

🕐 烹饪时间：38分钟

🐟 **主料**

小龙虾700克，洋葱80克

🧴 **辅料**

姜25克，蒜25克，小米椒20克，豆瓣酱20克，香辣酱30克，白糖2克，盐0.5克，鸡粉2克，胡椒粉1克，十三香2克，生抽10毫升，食用油60毫升

• 大厨有话说 ▷

处理小龙虾时，直接掐去小龙虾的尾部，就可去除虾线。小龙虾的脂肪含量仅为0.2%，不但比畜禽肉的低得多，比青虾、对虾的还低许多，而且其脂肪大多是由人体所必需的不饱和脂肪酸组成，易被人体消化和吸收。

🍴 **做法**

1 小龙虾洗净，去虾线，开背，备用；洋葱切丝；小米椒切圈；蒜拍扁；姜拍扁。

2 锅中倒水烧开，放入小龙虾，焯水2分钟，捞出备用。

3 锅中倒油烧热，放入姜、蒜、小米椒，爆香，放入豆瓣酱、香辣酱，炒出红油。

4 倒入800毫升水，放入盐、胡椒粉、鸡粉、白糖、生抽、十三香，煮至沸腾。

5 放入小龙虾，盖上锅盖，小火炖煮25分钟至虾肉入味。

6 放入洋葱丝，大火继续炖煮至收汁即可。

西兰花炒虾仁

🕐 烹饪时间：4分钟

🐟 主料

基围虾200克，西兰花200克

🍶 辅料

姜10克，蒜10克，小米椒15克，盐4克，白糖2克，生粉2克，蚝油5克，料酒10毫升，食用油30毫升

• 大厨有话说 ▷

　　西兰花中所含的矿物质成分比其他蔬菜更全面，钙、磷、铁、钾、锌、锰等含量很丰富，与虾仁搭配营养价值高，极适合生长发育期或需补充营养的人群食用。

🍴 做法

1. 基围虾去壳，开背；西兰花去老根，切成小朵；小米椒切圈；姜切片；蒜切片。

2. 将基围虾装碗，加入生粉、料酒，拌匀，腌制15分钟。

3. 锅中倒入600毫升水，烧开，加入2克盐，放入西兰花，焯水2分钟后捞出沥干，备用。

4. 锅中倒油烧热，放入姜片、蒜片、小米椒，爆香，放入虾仁，炒至变色，放入西兰花，炒匀，放入2克盐、白糖、蚝油，炒匀即可。

辣炒花蛤

🕐 烹饪时间：3分钟

🐟 主料

花蛤500克

🍶 辅料

葱10克，姜10克，蒜15克，小米椒10克，豆豉10克，盐11克，料酒15毫升，食用油40毫升

◆ 大厨有话说

　　在选购花蛤的时候要检查一下花蛤的壳，要选壳紧闭的，否则有可能是死花蛤。不太能吃辣的朋友，可以在冷水中放入花蛤，以中小火煮至汤汁略为泛白，花蛤的鲜味就完全出来了。

🐟 做法

1 将小米椒切圈；葱切段；蒜切片；生姜切片。

2 碗中加入清水，倒入花蛤，加入10克盐、10毫升食用油，拌匀浸泡2小时，使其吐尽泥沙后清洗干净，待用。

3 锅中倒水烧开，倒入花蛤，煮至全部开口，捞出。

4 锅中倒入30毫升油烧热，放入姜片、蒜片、葱段、小米椒、豆豉，炒出香味，倒入花蛤，加入料酒、1克盐，再倒入50毫升水，翻炒均匀，盛出装盘即可。

扳指干贝

🕐 烹饪时间：41分钟

🐟 主料

干贝80克，白萝卜200克，西兰花50克

🍶 辅料

盐3克，鸡粉1克，干贝汁200克，水淀粉10毫升，食用油10毫升

• 大厨有话说

　　新鲜贝肉色泽正常且有光泽，无异味，手摸有爽滑感，弹性好；不新鲜的贝肉色泽减退或无光泽，有酸味，手感发黏，弹性差。干贝含丰富的谷氨酸钠，味道极鲜，与新鲜扇贝相比，腥味大减。干贝宜用温水泡发，这样能缩短泡发的时间。

🐟 做法

1. 西兰花切小朵；干贝装碗，加清水泡发；白萝卜去皮，切成1.5厘米厚的段，用圆形模具压出萝卜心，呈"扳指"形。

2. 每个"扳指"均填入水发干贝，摆盘，浇入100克干贝汁。

3. 锅中倒水烧开，倒入2克盐、食用油、西兰花，煮至断生，捞出待用。

4. 蒸锅倒水，放上蒸帘，放上蒸盘，加盖，中火蒸35分钟，取出，将汤汁倒入碗中待用。

5. 锅中倒入100克干贝汁、原汤汁，小火炒匀。

6. 加入1克盐、鸡粉，拌匀煮沸，再加入水淀粉，中火勾芡，淋在"扳指"上，用西兰花摆盘即可。

香辣田螺

🕐 烹饪时间：26分钟

🐟 主料

田螺500克

🍶 辅料

姜10克，葱10克，蒜20克，干辣椒3克，辣椒酱20克，豆瓣酱15克，盐4克，鸡粉2克，料酒15毫升，食用油30毫升

● 大厨有话说 ▷

　　田螺肉具有清热、明目、解暑、止渴、醒酒、利尿等功效。新鲜田螺个大、体圆、壳薄、掩盖完整。挑选时用小指尖往掩盖上轻轻压一下，有弹性的就是活螺。洗过的田螺先放到锅中煮熟，而后装入贮藏箱，用保鲜膜密封，放入冰箱冷藏。

🐟 做法

1 田螺去尾，装碗，加入3克盐，再倒入800毫升水，浸泡2小时后捞出，洗净备用。

2 姜切片；蒜切片；葱叶切葱花，葱白切段。

3 锅中倒水，放入田螺，加入料酒，焯水2分钟，捞出沥干，备用。

4 锅中倒入15毫升油烧热，放入姜片、葱段、蒜片、干辣椒，炒香，倒入辣椒酱、豆瓣酱，炒出红油。

5 放入田螺，炒匀，倒入400毫升水，盖上锅盖，大火炖煮1分钟。

6 揭盖，加入1克盐、鸡粉，炒匀后小火炖煮18分钟至入味，大火收汁，盛出，撒入葱花即可。

Chapter 3

宴客佳肴，
餐桌上的温情

杏鲍菇酿猪肉

🕐 烹饪时间：12分钟

🐟 主料

杏鲍菇200克，五花肉末120克，
蛋清10克

🧂 辅料

葱20克，姜10克，白糖1.5克，
盐0.5克，鸡粉1.5克，胡椒粉0.5
克，蚝油3克，生粉13克，生抽5毫
升，食用油510毫升

• 大厨有话说

　　杏鲍菇营养丰富，富含蛋白质、
碳水化合物、维生素及钙、镁、铜、
锌等矿物质，可以提高人体免疫功能，
具有抗癌、降血脂、润肠胃以及美容
等作用。

🥄 做法

1 杏鲍菇洗净，第一刀不切断，第二刀切断，切成
0.5厘米厚的片，备用；葱切葱花；姜切末。

2 取一空碗，加入肉末、0.5克白糖、盐、胡椒粉、
0.5克鸡粉，拌匀，再加入15克葱花、蛋清、3克生
粉、10毫升食用油拌匀，制成馅料，备用。

3 将拌好的馅料塞入杏鲍菇中，再裹上10克生粉。

4 锅中倒入500毫升油烧热，放入杏鲍菇，大火炸
至金黄，盛出。

5 锅底留15毫升油加热，放入姜末、蚝油、生抽，
爆香，倒入200毫升水，加入1克鸡粉、1克白
糖，拌匀，炖煮片刻。

6 放入杏鲍菇拌匀，中火炖煮至收汁，撒入5克葱
花，盛出装盘即可。

糖醋排骨

🕐 烹饪时间：38分钟

🐟 主料 ────

猪排骨500克

🍶 辅料 ────

熟芝麻1克，大葱20克，姜10克，冰糖30克，白糖25克，盐2克，生抽10毫升，香醋30毫升，料酒15毫升，食用油600毫升

• 大厨有话说 ▷

将腌制好的排骨沥干腌料汁，可避免后续炸制时溅油。炖煮排骨时要不时搅拌。

🐟 做法 ────

1 将猪排骨斩小块，洗净；大葱洗净，切段；姜去皮，切片。

2 取一容器，放入猪排骨，加入大葱、姜片、1克盐、料酒、拌匀，腌制20分钟。

3 锅中倒油烧热，放入猪排骨，中火过一遍油，收紧排骨的表皮，迅速地捞出排骨。

4 锅底留15毫升油烧热，放入冰糖，炒至香油色，放入排骨，中火翻炒，使排骨均匀裹上糖色。

5 倒入600毫升水，放入1克盐、白糖、生抽、香醋，拌匀，盖上锅盖，小火炖煮20分钟。

6 揭盖，大火收汁至浓稠，撒入熟芝麻即可。

127

小酥肉

🕐 烹饪时间：12分钟

🐟 **主料** ━━━━━━━━━━━
五花肉400克，鸡蛋50克

🍶 **辅料** ━━━━━━━━━━━
蒜15克，奥尔良腌料15克，生粉30克，白酒15毫升，食用油600毫升

◆ **大厨有话说** ▷
　　选购五花肉时可用手轻轻按压，好的五花肉肉质弹性佳，不会松垮，选购时一定要注意。

🥄 **做法** ━━━━━━━━━━━

1　五花肉洗净，切条；蒜切末；五花肉装碗，倒入奥尔良腌料、白酒、蒜末，拌匀，腌制15分钟。

2　再往装五花肉的碗中倒入生粉，打入鸡蛋，抓匀，使五花肉均匀裹上一层蛋液糊。

3　锅中倒油烧热，放入五花肉，中火炸至金黄，捞出。

4　加热锅中的油，再次倒入五花肉，复炸至酥脆，捞出即可。

牙签牛肉

🕐 烹饪时间：9分钟

🐟 主料
牛肉250克

🧴 辅料
蒜20克，白芝麻1克，孜然粒6克，辣椒粉3克，干辣椒5克，生粉5克，盐1克，蚝油15克，生抽5毫升，料酒10毫升，食用油615毫升

• 大厨有话说

　　我们可以将腌好的牛肉片先控干水分，以免炸制时溅油。炸制中要时不时搅动，使其受热均匀。喜欢嫩肉的口感，滑油变色就可盛出，若喜欢有嚼劲的口感可多炸一下。

🍗 做法

1 将牛肉洗净，切薄片；蒜去皮，切末。

2 取一容器，放入牛肉片，加入料酒、生抽、盐、蚝油、生粉、拌匀，再加入15毫升食用油，抓匀，腌制10分钟，用牙签依次穿好，备用。

3 锅中倒入600毫升油烧热，放入穿好的牛肉，迅速用锅铲搅散，大火炸约3分钟至熟透，捞出。

4 锅内留15毫升底油烧热，加入蒜末、干辣椒、孜然粒，爆香，放入炸好的牛肉，中火翻炒均匀，加入白芝麻、辣椒粉，炒匀即可。

酸汤肥牛

🕐 烹饪时间：6分钟

🐟 **主料** ————————

肥牛300克，金针菇150克，莴笋120克，红椒10克，青椒10克

🍶 **辅料** ————————

姜10克，蒜20克，泡小米椒30克，盐1克，白糖2克，生抽15毫升，白醋15毫升，鸡汁15毫升，料酒15毫升，食用油45毫升

• **大厨有话说** ◂

　　吃肥牛可以配合海鲜和青菜，海鲜中含有丰富的蛋白质、铁和维生素，营养更丰富，更易于人体的吸收。烹制时可以尝一下汤汁，如果觉得不够酸，还可以再加些白醋。

🐟 **做法** ————————

1 将金针菇去除根部，洗净；莴笋洗净，切丝；青、红椒洗净，切圈；姜去皮，切末；蒜去皮，切末；泡小米椒切碎。

2 锅中倒入600毫升水，将莴笋煮熟，捞出沥干；再倒入金针菇，焯熟捞出，装入碗中，备用。

3 锅中倒油烧热，放入姜末、蒜末、泡小米椒碎，炒香，倒入500毫升水，加入盐、白糖、鸡汁、生抽、白醋、料酒，拌匀，盖上锅盖，煮至沸腾。

4 揭盖，放入肥牛，轻轻拌匀，炖煮至熟，放入青、红椒圈，拌匀，再煮一会儿，倒入装有莴笋和金针菇的碗中即可。

干煸牛肉

🕐 烹饪时间：6分钟

🐟 **主料** ————————
牛肉300克，芹菜50克，蒜苗20克

🍶 **辅料** ————————
姜10克，蒜10克，干辣椒段15克，白糖1克，盐1.5克，鸡粉2克，辣椒面1克，料酒15毫升，香油5毫升，食用油110克

> **• 大厨有话说**

　　牛肉提供高质量的蛋白质，含有全部种类的氨基酸，各种氨基酸的比例与人体蛋白质中各种氨基酸的比例基本一致，其中所含的肌氨酸比任何食物都高。

宴客菜

🐟 **做法** ————————

1 牛肉切薄片；芹菜切段；蒜苗切段；姜切片；蒜切片。

2 牛肉装碗，加入0.5克盐、10毫升料酒、1克鸡粉、10毫升食用油，抓匀，腌制15分钟。

3 锅中倒入100毫升油烧热，放入牛肉片，炒散，盛出。

4 锅底留15毫升油加热，放入姜片、蒜片，翻炒均匀，放入芹菜、蒜苗，炒至断生，放入1克盐、1克鸡粉、白糖、5毫升料酒，炒匀，放入牛肉片，翻炒均匀，再放入辣椒面、香油、干辣椒段，炒匀即可。

葱爆牛肉

🕐 烹饪时间：6分钟

🐟 主料

牛肉300克，蛋清40克

🍶 辅料

大葱100克，姜10克，蒜10克，干辣椒3克，白糖2克，盐2克，生粉5克，香醋5毫升，生抽10毫升，老抽3毫升，料酒10毫升，小苏打0.3克，食用油60毫升

• 大厨有话说 ▶

牛肉具有补脾胃、益气血、强筋骨的功效，对虚劳羸瘦、脾弱不运、腰膝酸软、久病体虚、面色萎黄、头晕目眩等症有一定的作用。多吃牛肉对肌肉生长也有好处。

🐟 做法

1 牛肉切片；大葱切滚刀块；姜切丝；蒜切片。

2 牛肉装碗，倒入蛋清，加入生粉、小苏打、香醋、生抽、老抽、料酒，抓匀，腌制15分钟。

3 锅中倒入45毫升油烧热，放入牛肉，大火炒至牛肉变色后盛出。

4 锅中倒入15毫升油烧热，放入大葱、姜丝、蒜、干辣椒，爆香，放入白糖、盐，炒匀，放入炒好的牛肉，炒匀，盛出即可。

笋焖羊肉

🕐 烹饪时间：41分钟

🐟 **主料** ——————

羊肉500克，笋200克，白萝卜150克，干冬菇10克

🍶 **辅料** ——————

姜10克，蒜15克，香菜10克，白糖1克，盐3克，生粉2克，水淀粉15毫升，老抽5毫升，料酒15毫升，食用油33毫升

┌─ • **大厨有话说** ＞
　　新鲜羊肉是鲜红色，不新鲜的羊肉颜色较深。

🐟 **做法** ——————

1 羊肉斩成2厘米大小的小块；笋切成3厘米长、2厘米宽的小块；白萝卜去皮，切滚刀块；香菜洗净，切段；姜切片；蒜切片；干冬菇装碗，倒入300毫升水，泡发后去蒂，加入白糖、生粉、3毫升食用油，拌匀。

2 锅中倒入600毫升水，放入羊肉，加入料酒，烧开，煮去血沫，捞出沥干；锅中倒入600毫升水，烧开，放入笋块，加入1克盐，煮去苦味，捞出沥干，备用。

3 锅中倒入30毫升油烧热，放入蒜片、姜片，爆香，放入笋块、羊肉、白萝卜，翻炒均匀，再倒入600毫升水，加入老抽，盖上锅盖，小火炖煮30分钟。

4 揭盖，加入冬菇，加入2克盐，盖上锅盖，继续炖煮3分钟，加入水淀粉勾芡，撒入香菜段即可。

白果土豆炖鸡

🕐 烹饪时间：22分钟

🐟 主料
鸡肉500克，土豆180克，鲜白果15克

🍶 辅料
姜10克，枸杞5克，八角2克，香叶0.2克，白糖3克，盐1克，鸡粉2克，蚝油13克，生抽10毫升，料酒10毫升，食用油15毫升

▸ 大厨有话说

白果具有疏通血管、改善大脑的功能，可延缓老年人大脑衰老、增强记忆力。

🐟 做法

1 鸡肉斩成3厘米大小的小块；土豆去皮，切滚刀块；姜切片。

2 锅中倒油烧热，加入姜片、八角、香叶，炒香，放入鸡块，炒至变色，放入白糖、盐、鸡粉、蚝油、生抽、料酒，炒匀。

3 倒入400毫升清水，盖上锅盖，小火炖7分钟，揭盖，放入土豆、白果，盖上锅盖，中火炖11分钟。

4 揭盖，放入枸杞，拌匀，再炖煮片刻，盛出即可。

大盘鸡

🕐 烹饪时间：30分钟

🐟 **主料** ─────────

鸡600克，土豆300克，洋葱80克，青椒60克

🍶 **辅料** ─────────

姜10克，蒜10克，花椒1克，干辣椒3克，豆瓣酱10克，冰糖20克，盐2克，鸡粉2克，老抽5毫升，食用油30毫升

• **大厨有话说** ▷

　　不要挑选表面比较干，或者含水较多、脂肪稀松的鸡肉，这种鸡肉已经不新鲜了。

宴客菜

🍗 **做法** ─────────

1. 鸡处理干净，剁成2～3厘米大小的块；土豆去皮，切成2厘米大小的小块；洋葱切小块；青椒切小块备用；姜切片；蒜切片。

2. 锅中倒油烧热，放入鸡肉，炒至焦香，放入姜片、蒜片、花椒、干辣椒、豆瓣酱，中火炒匀。

3. 倒入500毫升水，放入冰糖、盐、鸡粉、老抽，炒匀，盖上锅盖，小火炖煮5分钟。

4. 揭盖，加入土豆，炒匀，盖上锅盖，继续炖煮13分钟，揭盖，放入洋葱、青椒，炒匀，收汁至汤汁浓稠即可。

重庆鸡公煲

🕐 烹饪时间：21分钟

🐟 主料

鸡肉500克，鲜香菇50克，豆腐皮80克，芹菜30克，香菜10克，青椒10克，红椒10克

🍶 辅料

洋葱40克，葱20克，姜15克，蒜10克，干辣椒3克，花椒2克，豆瓣酱45克，黄豆酱20克，胡椒粉1克，蚝油10克，料酒15毫升，食用油30毫升

● 大厨有话说

要选购薄厚均匀、颜色一致、无霉点的豆腐皮。

🍗 做法

1 鸡肉斩成小块；鲜香菇洗净，去蒂，切成4瓣；洋葱切片；芹菜切小段；豆腐皮切条；香菜切小段；青、红椒切菱形片；葱切段；姜切片；蒜切片。

2 鸡肉装碗，放入5克姜片、胡椒粉、料酒，拌匀，腌制15分钟。

3 锅中倒油烧热，放入葱段、10克姜片、蒜片、花椒、干辣椒、洋葱，爆香。

4 放入豆瓣酱、黄豆酱，炒出红油，放入鸡肉，炒匀。

5 放入蚝油、700毫升水，盖上锅盖，中火煮8分钟。

6 揭盖，放入鲜香菇、豆腐皮，拌匀，盖上锅盖，继续煮6分钟，揭盖，放入芹菜段、青椒、红椒，拌匀断生，撒入香菜段，盛出即可。

香辣口水鸡

🕐 烹饪时间：27分钟

🐟 主料

鸡腿400克，青椒20克，红椒20克，香菜10克，熟花生碎5克，熟白芝麻2克

🍶 辅料

葱10克，姜10克，蒜10克，八角2克，花椒1克，辣椒粉5克，生抽15毫升，料酒15毫升，辣椒油5毫升，食用油30毫升

> ● 大厨有话说

　　优质芝麻色泽鲜亮、纯净，外观呈白色，粒大饱满。

🐟 做法

1. 青、红椒洗净，去籽，切末；香菜切碎；葱切葱花；姜切末；蒜切末。

2. 取一空碗，放入香菜碎、葱花、姜末、蒜末、八角、花椒、辣椒粉、生抽、辣椒油，拌匀，调成味汁，备用。

3. 锅中倒水，放入鸡腿、料酒，中火煮20分钟至鸡腿熟透，捞出鸡腿，晾凉后撕下鸡肉，放入盘中，备用。

4. 锅中倒油烧热，放入青椒、红椒，再倒入调好的味汁，加入45毫升水，中火煮至沸腾，淋在鸡腿上，再撒入熟花生碎、熟芝麻即可。

小鸡炖蘑菇

🕐 烹饪时间：29分钟

🐟 **主料** ————
鸡450克，红薯粉条30克，干榛蘑30克

🍶 **辅料** ————
大葱30克，姜10克，蒜15克，八角1克，盐2克，料酒15毫升，生抽30毫升，食用油30毫升

◀ **大厨有话说** ▶

　　八角不宜多放，否则会掩盖榛蘑和鸡肉的鲜美。翻炒鸡块时要勤，不然鸡皮容易粘锅。炖煮时水量一定要足，粉条的吸水性强，待锅内汤汁剩余一半时可以准备加粉条。

🐟 **做法** ————

1 鸡肉洗净，斩小块；大葱切段；姜去皮，切片；蒜切片；干榛蘑泡发，切块；红薯粉条泡发，切段。

2 锅中加水，放入鸡肉，焯水，去除其血水和腥味后捞出，洗净沥干。

3 锅中倒油烧热，放入姜片、蒜片、大葱、八角，爆香，倒入鸡块，煸炒至焦黄。

4 淋入料酒、生抽，炒匀，放入榛蘑，中火炒匀。

5 加入500毫升清水，加入盐，盖上锅盖，小火炖20分钟至熟透。

6 揭盖，放入粉条，拌炒均匀，注意需避免粉条沉底，煮5分钟至粉条熟透即可。

清蒸鳜鱼

🕐 烹饪时间：14分钟

🐟 主料
鳜鱼500克，红椒10克

🍶 辅料
葱10克，姜15克，盐3克，蒸鱼豉油30毫升，料酒15毫升，食用油45毫升

> **• 大厨有话说**
>
> 鳜鱼肉质细嫩，味鲜美，刺少肉多，营养丰富，早在唐代有诗人张志和盛赞鳜鱼的诗句"桃花流水鳜鱼肥"。鳜鱼肉性平、味甘，有补气血、益脾胃之功能。对儿童、老人及体弱、脾胃消化功能不佳的人来说，吃鳜鱼既能补虚，又不必担心消化困难。

🐟 做法

1 鳜鱼处理干净，两面切花刀；红椒去籽，切丝；葱叶切开，从一端向另一端卷起，切成细丝；姜去皮，10克切片，5克切丝。

2 鳜鱼装入蒸盘，加料酒、盐，里外抹匀，鱼腹内塞入姜片，腌制15分钟入味。

3 锅中加水，放上蒸帘，煮至沸腾，放上装有鳜鱼的蒸盘，大火蒸7分钟使鱼熟透，取出蒸盘，倒出多余汤汁。

4 锅中倒油烧热；在鱼身上放上姜丝、葱丝、红椒丝，淋入热油，再淋入蒸鱼豉油即可。

鲍鱼焖鸡

🕐 烹饪时间：27分钟

🐟 主料
带壳鲍鱼500克，鸡肉300克

🍶 辅料
葱白10克，姜30克，柱侯酱15克，白糖2克，盐2克，鸡粉2克，生粉3克，蚝油10克，生抽10毫升，老抽3毫升，米酒10毫升，水淀粉10毫升，食用油30毫升

▪ 大厨有话说

　　鲍鱼肌肉酶解物可以显著提高小鼠机体运动耐力、应激能力和免疫功能，同时对学习和记忆有明显增强作用。

🐟 做法

1 鲍鱼处理干净，切十字花刀，备用；鸡肉斩成2厘米大小的小块；葱白切小段；姜切片。

2 鸡肉装碗，加入1克白糖、1克盐、1克鸡粉、5毫升生抽、5克蚝油、生粉，抓匀，备用。

3 锅中倒油烧热，放入姜片，爆香，放鸡块炒变色。

4 放入柱侯酱、350毫升水、米酒、鲍鱼，拌匀，小火炖煮20分钟。

5 放入1克白糖、1克盐、1克鸡粉、5克蚝油、5毫升生抽、老抽，炒匀，盖上锅盖，继续焖煮3分钟。

6 揭盖，倒水淀粉勾芡，撒入葱白段，盛出即可。

麻辣香锅

🕐 烹饪时间：20分钟

🐟 主料

鱿鱼100克，基围虾100克，牛百叶50克，莲藕50克，土豆50克，竹笋40克，午餐肉30克，花菜30克，金针菇20克，牛肉丸20克，豆腐干20克

🍶 辅料

葱10克，姜10克，蒜20克，香菜10克，熟白芝麻2克，干辣椒60克，香锅料35克，料酒15毫升，生粉20克，食用油600毫升

🍗 做法

1 将鱿鱼去除内脏，洗净，切圈；基围虾，开背，去虾线，洗净备用；牛百叶切条；午餐肉切片；牛肉丸对半切开；竹笋切片；莲藕切片；金针菇撕成小朵；花菜撕成小朵；土豆切片；豆腐干切小段；香菜切段；葱切段；姜切片；蒜拍碎。

2 锅中倒水，倒入青竹、莲藕、花菜、土豆，焯至食材断生后捞出，备用；再倒入牛百叶，焯水1分钟后，捞出；取2个容器，分别放入已吸干水分的鱿鱼圈和基围虾，加入生粉，裹匀后取出备用。

3 锅中倒油烧热，放入鱿鱼圈，大火滑油至熟，捞出；再放入基围虾，炸至通体红亮，捞出。

4 锅底留30毫升油，烧热，放入葱、姜、蒜、干辣椒，炒香，倒入香锅料，炒匀，放入牛肉丸、牛百叶、午餐肉、竹笋、莲藕、金针菇、花菜、土豆、鱿鱼圈、基围虾、豆腐干及料酒，翻炒均匀，关火，撒上熟白芝麻和香菜段，炒匀即可。

西湖听韵

🕐 烹饪时间：5分钟

🐟 **主料**

基围虾100克，枇杷7个

🍾 **辅料**

白糖0.5克，盐0.5克，鸡粉1克，白胡椒粉1克，生粉60克，料酒15毫升，辣椒粉1克，食用油600毫升

• **大厨有话说**

　　西湖听韵由来：苏东坡被贬惠州后，妻妾大多散去，唯侍妾王朝云紧紧相随。王朝云善歌舞、音乐，常在惠州西湖泗洲塔下为东坡奏琵琶，读乐填诗。东坡常感怀于此，遂以虾为原料，自创了这道"琵琶虾"，以示知音、佳肴、美景与雅乐同韵。

　　本品清新鲜美，口感清爽嫩滑，是广东惠州特色传统名菜，属于东江东坡宴十道菜之一，食用能增强免疫力，补充优质蛋白质，对身体虚弱之人也是极好的美味。

🍴 **做法**

1 基围虾从尾巴处去壳，去虾线，留头部；枇杷去皮，去核，备用。

2 基围虾装碗，加入白糖、鸡粉、白胡椒粉、盐、料酒，拌匀，加入10克生粉，拌匀，腌制15分钟入味。

3 取一只基围虾，将虾头穿过去了核的枇杷，依次制成若干生坯，裹上生粉，备用。

4 锅中倒油烧热，放入生坯，中途搅动几次，使其受热均匀，炸至表皮酥脆金黄，盛出基围虾，撒入辣椒粉，装盘即可。

阳关三叠

🕐 烹饪时间：7分钟

🐟 主料 ————

鸡胸肉30克，虾胶100克，蛋清30
克，韭菜40克，油豆腐皮3张

🍶 辅料 ————

盐0.5克，鸡粉1克，食用油610
毫升

宴客菜

> **• 大厨有话说 ▷**
>
> 阳关三叠最亮眼的地方，是外表
> 一层薄如纸的油豆皮表面炸的真的是
> 恰到好处，多一分嫌多，少一分嫌少。
> 鸡胸肉的加入，让菜的滋味更鲜美，
> 营养更丰富。

🐟 做法 ————

1 鸡胸肉剁成末；韭菜洗净，切长段备用；油豆腐皮
切成15厘米长、12厘米宽的长片。

2 将鸡肉末加入虾胶中，加盐、鸡粉，加入10毫升
油、蛋清，搅打上劲，制成鸡蓉，备用。

3 取一张油豆腐皮，折成三等分，中间部分薄薄地抹
上一层鸡蓉，铺上一层韭菜叶，再将一边的豆腐皮
折起，盖住韭菜叶后，面上抹上一层鸡蓉，铺上一
层韭菜叶，再将另一边豆腐皮折起盖住，如此制成
若干生坯。

4 锅中倒油加热，放入制好的生坯，中火炸至两面金
黄，盛出装盘即可。

爆浆
拉丝荔枝

🕐 烹饪时间：6分钟

🐟 **主料**

荔枝300克，鸡蛋100克，面包糠50克，芝士碎40克

🍶 **辅料**

生粉30克，食用油600毫升

◆ **大厨有话说** ▷

　　荔枝所含丰富的糖分具有补充能量，增加营养的作用。研究证明，荔枝对大脑组织有补养作用，能明显改善失眠、健忘等症。

🐟 **做法**

1 荔枝洗净，去皮去核，将芝士依次塞入荔枝中，备用。

2 取一空碗，打入蛋黄，打散，备用。

3 将装有芝士的荔枝先裹匀生粉，再裹鸡蛋液，最后裹面包糠，备用。

4 锅中倒油烧热，放入荔枝，中火炸至金黄，盛出装盘即可。

火山土豆泥

🕐 烹饪时间：8分钟

🐟 **主料** ━━━

土豆300克，番茄150克，猪肉末80克，红彩椒50克，豌豆30克

🍶 **辅料** ━━━

葱10克，蒜10克，豆瓣酱15克，水淀粉30毫升，生抽10毫升，食用油30毫升

> **• 大厨有话说 ▷**
>
> 　　土豆具有很高的营养价值和药用价值，其营养丰富，含有蛋白质、矿物质（磷、钙等）、维生素等，营养结构也较合理，有"地下苹果"之称。

网红菜

🐟 **做法** ━━━

1 土豆去皮，洗净，切厚片；番茄去皮，切小丁；豌豆洗净；红彩椒切小丁；葱切葱花；蒜切末。

2 锅中倒水，放上装有土豆的蒸盘，大火蒸20分钟，蒸至土豆熟透，取出蒸盘，将土豆捣成泥，装入盘中，修饰成火山的模样。

3 锅中倒油烧热，放入蒜末，爆香，放入猪肉末，中火炒至变色，放入豆瓣酱、生抽，炒匀，再倒入300毫升水，煮1分钟。

4 放入番茄丁、豌豆、彩椒丁，煮3分钟，倒入水淀粉，大火勾芡，盛出淋在土豆泥上，再撒上葱花即可。

咸蛋焗南瓜

🕐 烹饪时间：11分钟

🐟 主料

南瓜400克，熟咸鸭蛋300克

🍶 辅料

葱10克，盐1克，生粉15克，食用油600毫升

• 大厨有话说

南瓜中含有丰富的多糖类物质，多糖类物质能够提高人体的免疫力。另外，南瓜中的胡萝卜素含量较高，可保护眼睛。

🥄 做法

1 南瓜去皮，洗净，切条；葱洗净，切葱花。

2 将南瓜条裹上生粉。

3 将熟咸鸭蛋剥壳，只取蛋黄部分，装碗捣碎。

4 锅中倒油烧热，放入南瓜，炸熟后捞出。

5 锅底留20毫升油，加热，放入咸蛋黄碎，小火煸炒出泡沫。

6 待蛋黄冒出小气泡时，加入南瓜条，翻炒均匀，放入盐，炒匀，关火，撒入葱花即可。

花开富贵

🕐 烹饪时间：18分钟

🐟 主料

白菜300克，猪肉馅100克，鸡蛋50克，香菜10克，小米椒5克

🍶 辅料

葱10克，姜10克，盐0.5克，鸡粉2克，生粉5克，蚝油10克，生抽20毫升，水淀粉30毫升，食用油15毫升

网红菜

🐟 做法

1. 白菜去叶留菜梗，将菜梗切斜刀片，洗净备用；香菜切段；小米椒切圈；葱切葱花；姜切末；将蛋清和蛋黄分开装碗；肉末装碗，放入葱花、姜末、盐、鸡粉、生粉、蛋清、5克蚝油、5毫升生抽，拌匀，备用。

2. 锅中倒水烧开，放入白菜梗，焯水2分钟，捞出沥干，斜刀片成薄片，将肉馅包住，逐个包好后整齐码入蒸盘，中间放入蛋黄，备用；取一空碗，放入水淀粉、15毫升生抽、5克蚝油、30毫升水，拌匀，制成味汁备用。

3. 锅中倒水，放上蒸帘，放上装有食材的蒸盘，盖上锅盖，大火蒸12分钟至食材熟透，取出蒸盘，小心将蒸盘内的原汤倒入空碗备用。

4. 锅中倒油烧热，倒入蒸食材的原汁、调好的味汁，小火煮至浓稠，浇在蒸好的白菜上，撒上香菜和小米椒圈即可。

抱子甘蓝炒培根

🕐 烹饪时间：4分钟

🐟 **主料** ————————
抱子甘蓝200克，培根100克

🍶 **辅料** ————————
蒜10克，盐2克，食用油15毫升

> • 大厨有话说 ›

　　抱子甘蓝原产于地中海沿岸，欧美各国广泛种植，中国各大城市近年来才开始栽培种植。抱子甘蓝含丰富的钙、磷、铁、维生素C、维生素A原、B族维生素、维生素K以及蔗糖等成分，不仅有助于提升人体免疫力，降低疾病感染的概率，还能疏通肠胃，促进胃肠蠕动，有助于排便。

🐟 **做法** ————————

1　将抱子甘蓝洗净，对半切开；培根洗净，切小块；蒜切末。

2　锅中倒水烧开，放入抱子甘蓝，焯水断生，捞出沥干，备用。

3　锅中倒油烧热，放入蒜末，爆香，放入培根，中火炒至稍微变色。

4　放入抱子甘蓝，继续翻炒，放入盐，炒匀，盛出即可。

糯米蛋

🕐 烹饪时间：52分钟

🐟 主料

糯米150克，咸鸭蛋400克，豌豆50克，腊肠50克，胡萝卜50克，玉米粒30克，香菇30克

🍶 辅料

胡椒粉1克，蚝油10克，生抽15毫升，老抽3毫升，香油10毫升

• 大厨有话说

　　鸭蛋含有蛋白质、脂肪、钙、钾、铁、磷等营养成分，有滋阴、清肺、丰肌、泽肤、除热等功效。

🍴 做法

1 腊肠切丁；胡萝卜切丁；香菇切丁。

2 咸鸭蛋敲开顶端蛋壳，倒出蛋白，留住蛋黄，备用。

3 取一空碗，加入糯米、豌豆、腊肠、胡萝卜、玉米粒、香菇，再加入胡椒粉、蚝油、生抽、老抽、香油，拌匀成馅料，备用。

4 将馅料依次填入咸鸭蛋中，用锡纸包紧，放入蒸盘，备用。

5 锅中倒入1500毫升水，煮至沸腾。

6 放上蒸盘，再盖上锅盖，大火蒸45分钟至糯米蛋熟透，取出稍放凉后将锡纸揭开，切开即可。

可乐鸡翅

🕐 烹饪时间：22分钟

🐟 主料

鸡中翅400克，可乐400毫升

🍶 辅料

姜5克，白糖3克，盐1克，鸡粉1克，生抽13毫升，料酒10毫升，食用油30毫升

• 大厨有话说

　　大火收汁的时候最好多搅动，以免烧糊。鸡翅含有大量可强健血管及皮肤的胶原及弹性蛋白等，对血管、皮肤及内脏都有好处。

可乐

🍗 做法

1 鸡中翅洗净，备用；姜拍碎。

2 鸡中翅装碗，放入姜、料酒、盐、鸡粉、1克白糖、5毫升生抽，拌匀腌制20分钟入味，然后沥干腌料，再用厨房纸吸干多余的水分，以免煎制时溅油。

3 锅中倒油烧热，放入鸡中翅，煎至表面出油，翻面，煎至微黄色。

4 放入8毫升生抽、2克白糖，再倒入可乐，盖上锅盖，小火炖煮7分钟，揭开锅盖，大火收汁，盛出装盘即可。

太阳花蛋包饭

🕐 烹饪时间：11分钟

🐟 主料

米饭200克，鸡蛋100克，猪瘦肉50克，鲜虾仁50克，玉米粒30克，豌豆粒30克

🍶 辅料

盐1.5克，生抽15毫升，料酒10毫升，食用油30毫升

▶ 大厨有话说

　　此菜选用新鲜虾仁、瘦肉、豌豆和鸡蛋等食材一同烹制，营养相当丰富。鸡蛋含有丰富的蛋白质、脂肪、维生素和铁、钙、钾等人体所需要的矿物质；虾仁含有优质蛋白质、丰富的微量元素和维生素成分，搭配食之有增强人体免疫力、健脑益智等功效。

🍗 做法

1 虾仁切丁；猪瘦肉洗净，切丁；将虾仁、猪瘦肉丁装碗，加入料酒，拌匀，腌制15分钟。

2 取一空碗，打入鸡蛋，加入1克盐，打散，备用。

3 锅中倒水烧开，放玉米粒、豌豆粒，焯5分钟，捞出。

4 锅中倒入15毫升油烧热，放入虾仁和瘦肉丁，中火炒至变色，倒入玉米粒、部分豌豆粒、米饭，炒散。

5 加入0.5克盐、生抽，炒入味，倒出。

6 锅中倒入15毫升油烧热，放入鸡蛋液，转动锅子，将鸡蛋煎成圆饼状，盛出鸡蛋饼，部分切成条，部分印出椭圆形状围于盘边，最后将鸡蛋条编织铺在炒饭上，用剩余豌豆粒点缀好后即可。

一颗番茄饭

🕐 烹饪时间：30分钟

🐟 主料

大米200克，番茄120克，胡萝卜50克，鲜香菇30克，午餐肉30克，腊肠30克

🍶 辅料

盐2克，鸡粉2克，蚝油10克，香油5毫升

• 大厨有话说

　　观察锅中食材是否都平摊受热。若不均匀，请用铲子摊平。

🐟 做法

1 番茄顶部切十字花刀，加开水烫去表皮；胡萝卜切丁；鲜香菇切丁；午餐肉切丁；腊肠切丁。

2 取一空碗，加入盐、鸡粉、蚝油、香油、30毫升水，拌匀成味汁，备用。

3 锅中倒水烧开，放入胡萝卜，焯水2分钟，捞出沥干；再放入鲜香菇，焯水2分钟，捞出沥干，备用。

4 锅中放入大米推平，倒入250毫升水，再放上胡萝卜、鲜香菇、午餐肉和腊肠，在中间摆上去皮的番茄，淋入调好的味汁，盖上锅盖，小火焖煮25分钟至熟透，食用前压烂番茄，拌匀后盛出装盘即可。

菲力牛排

🕐 烹饪时间：8分钟

🐟 主料

菲力牛排300克，口蘑10克，芦笋10克，宝塔菜10克，小番茄35克

🧂 辅料

黑椒酱15克，蒜20克，盐2克，黑胡椒碎1克，九层塔2克，迷迭香1克，葡萄籽油30毫升，黄油20克

> ⟨ 大厨有话说 ⟩
>
> 　　菲力指的是牛里脊肉，在澳大利亚，这块肉被称为"眼菲力"，菲力牛排富含蛋白质、铁、维生素、锌、磷及多种氨基酸，有强身健体、滋阴补阳的功效。

🐟 做法

1　菲力牛排解冻，用厨房纸吸干水分，备用；蒜切片；口蘑切瓣；芦笋切段，备用；宝塔菜掰成小瓣；小番茄切开；菲力牛排中撒入1.5克盐、黑胡椒碎，将四面抹匀，腌制10分钟，备用。

2　锅中倒入15毫升葡萄籽油烧热，放入迷迭香、10克蒜片、口蘑、芦笋、宝塔菜，放入0.5克盐，中火翻炒均匀，倒入小番茄炒匀，盛出装盘，备用。

3　锅中倒入15毫升葡萄籽油烧热，放入腌好的菲力牛排，煎至一面焦香，翻面，将另一面也煎至焦香，放入10克蒜片，再将牛排放置于蒜片之上，放入黄油、九层塔，倾斜锅体，将黄油小火煎至融化后用小勺子不断浇在牛排上。

4　牛排翻面，继续倾斜锅体，用小勺子将黄油不断浇在牛排上，盛出牛排，晾凉后装入炒好的蔬菜盘中即可。

鹅肝牛排

🕐 烹饪时间：9分钟

🐟 主料

新西兰牛排400克，法国鹅肝180克，小番茄50克，西兰花10克

🫙 辅料

盐3克，罗勒叶2克，黑胡椒粉0.5克，面粉20克，黄油15克

● 大厨有话说

　　鹅肝含有丰富的碳水化合物、蛋白质、脂肪、胆固醇和铁、锌、铜、钾、磷、钠等矿物质，有补血养目之功效。鹅肝是补血养生的理想食品，能保护眼睛，维持正常视力，防止眼睛干涩、疲劳。

🐟 做法

1. 新西兰牛排对半切开，撒入1克盐、黑胡椒粉，抹匀，腌制10分钟；西兰花切小朵；小番茄切开。

2. 锅中倒水烧开，放入小番茄、西兰花、2克盐，焯水2分钟，盛出装盘；鹅肝裹匀面粉，备用。

3. 锅中放入10克黄油，加热至融化，放入牛排，中火煎至一面焦香，翻面，将另一面也煎至焦香，盛出，装入盛有西兰花、小番茄的盘中，摆盘。

4. 锅中放入5克黄油，加热至融化，放入鹅肝，小火煎至一面微黄，翻面，将另一面也煎至微黄，盛出，叠放在牛排之上，再用罗勒叶稍加点缀即可。

韩式炸鸡

🕐 烹饪时间：13分钟

外国菜

🐟 主料

鸡中翅500克，鸡蛋100克

🧂 辅料

姜5克，蒜5克，番茄酱25克，韩式辣酱15克，甜辣酱25克，白糖6克，盐1克，鸡粉1.5克，胡椒粉1克，生粉180克，料酒10毫升，食用油600毫升

🐟 做法

1 鸡中翅洗净；蒜拍碎；姜拍扁；鸡中翅装碗，加入盐、胡椒粉、鸡粉、1克白糖、料酒、姜、蒜，拌匀，腌制15分钟；另取一空碗，打入鸡蛋，打散，备用。

2 将80克生粉装碗，倒入鸡蛋液，拌成糊状，将鸡翅均匀地裹上面糊，再裹上100克生粉，备用；取一空碗，装入番茄酱、韩式辣酱、甜辣酱、5克白糖、50毫升水，拌匀成调味汁，备用。

3 锅中倒油烧热，放入鸡中翅，炸至两面焦黄，盛出鸡中翅，控油等待1分钟，等待油温升高后，再次放入鸡中翅，继续将鸡中翅炸至金黄，盛出鸡中翅。

4 锅中留15毫升底油加热，放入备好的调味汁，小火加热至有小泡冒出，放入炸过的鸡中翅，中火炒匀，盛出装盘即可。

韩式部队锅

🕐 烹饪时间：17分钟

🐟 主料

基围虾150克，方便面100克，豆腐80克，西葫芦80克，午餐肉60克，洋葱60克，上海青50克，年糕50克，香菇50克，红尖椒50克

🍶 辅料

大葱50克，姜10克，蒜10克，芝士40克，番茄酱15克，盐2克，韩式辣酱30克，韩式泡菜50克，食用油30毫升

• 大厨有话说

新鲜的虾和冰块一起装入黑色袋子中，放入冰箱冷藏8小时内不会变质。

🐟 做法

1 豆腐切块；香菇去蒂切十字花刀；年糕切条；西葫芦切片；洋葱切条；红尖椒切圈；上海青切开；午餐肉切片；大葱切段；姜切片；蒜切片；基围虾洗净。

2 锅中倒油烧热，放入姜片、蒜片、大葱段、洋葱、韩式泡菜，爆香，放入韩式辣酱、番茄酱、盐，小火炒出香味，制成底料。

3 放入基围虾、午餐肉、年糕、红尖椒、豆腐、香菇、西葫芦，倒入500毫升水，大火煮6分钟。

4 揭盖，放入方便面，小火煮3分钟，放入上海青，中途可用筷子将其翻面，在方便面上放入芝士，煮至化开，盛出即可。

香兰叶鸡

🕐 烹饪时间：7分钟

🐟 主料 ————————

鸡胸肉300克，香兰叶50克

🍶 辅料 ————————

姜30克，小葱头50克，香茅20克，南乳15克，胡椒粉1克，姜黄粉2克，鱼露30毫升，蜜糖30毫升，食用油600毫升

◆ 大厨有话说 ▷

　　香兰叶是泰国菜中常用的一种材料，味道特别，用香兰叶像包粽子一样的将鸡块包起来炸熟，配上甜辣酱或是东南亚特色的罗望子酱，吃起来既有炸物的诱人气息，又有醇厚的稻香，还可解腻。

🐟 做法 ————————

1. 鸡胸肉切2厘米宽的小条，备用；香兰叶洗净，备用；姜切末；小葱头切末；香茅洗净，切片，再剁成末。

2. 鸡胸肉装碗，加入姜末、小葱头末、香茅末、南乳、姜黄粉、胡椒粉、鱼露、蜜糖，抓匀，放入冰箱，冷藏4小时，备用。

3. 取香兰叶一片，裹上鸡胸肉，用牙签扎紧，将剩余的鸡胸肉都用香兰叶包好，备用。

4. 锅中倒油烧热，放入裹好的鸡胸肉，中火炸约3分钟至其熟透且呈金黄色，盛出装盘即可。

照烧鸡肉

🕐 烹饪时间：12分钟

🐟 **主料**

鸡腿肉150克，杏鲍菇50克，樱桃萝卜15克

🍶 **辅料**

香菜10克，白糖8克，盐2克，生抽5毫升，料酒3毫升，生姜汁2毫升，白酒3毫升，食用油20毫升

◆ **大厨有话说**

　　香菜应选择全株肥大、带根、闻起来气味较大的购买。

🐟 **做法**

1 鸡腿肉去骨，用叉子在表皮扎几个小洞；杏鲍菇洗净，切成小片；樱桃萝卜洗净，对半切开；香菜切成小段。

2 白糖、生姜汁、料酒、生抽，拌匀成味汁。

3 将鸡肉装碗，加入盐、白酒，再倒入2/3调好的味汁，拌匀，腌制15分钟。

4 锅中倒入油烧热，将鸡皮朝下放入锅中，小火煎3分钟，翻面，煎至鸡肉另一面呈金黄色。

5 再放入杏鲍菇，一起煎制5分钟。

6 倒入剩余的味汁，继续煎至鸡肉和杏鲍菇熟透入味，盛出，切成小块，装盘后再用樱桃萝卜、香菜装饰即可。

橙汁鸭胸肉

🕐 烹饪时间：31分钟

🐟 主料

鸭胸肉250克，橙子皮3克，九层塔1克

🧂 辅料

白糖20克，盐2克，苹果醋20毫升，橙汁200毫升，黄油10克，橄榄油40毫升

• 大厨有话说 ▷

　　鸭肉中的脂肪酸熔点低，易于消化。所含B族维生素和维生素E较其他肉类多，能有效抵抗脚气病、神经炎和多种炎症，还能抗衰老。鸭胸肉中含有较为丰富的烟酸，它是构成人体内两种重要辅酶的成分之一，对心肌梗死等心脏疾病患者有保护作用。

🥄 做法

1 鸭胸肉切十字花刀，备用；橙子皮切成细长条；鸭胸肉两面均撒上盐，抹匀，腌制15分钟。

2 锅中倒入40毫升橄榄油烧热，放入2克橙子皮，小火炒香，捞出，留10毫升油加热。

3 放入白糖，熬出糖色，放入熟橙子皮、苹果醋、橙汁，中火煮5分钟至浓稠，放入黄油，煮至融化。

4 撇去橙子皮，盛出锅中的汤汁，即成酸甜橙子酱。

5 锅中倒入10毫升橄榄油烧热，将鸭胸肉带皮面朝下放入锅中，小火煎至焦黄，翻面，另一面也煎至焦黄。

6 盖上锅盖，煎3分钟，盛出，切成小块，放入装有橙子酱的盘中，撒入九层塔、1克橙子皮即可。

香煎
法国鹅肝

🕐 烹饪时间：9分钟

🐟 **主料**

法国鹅肝120克，黄色小番茄10克，吐司15克，苦苣生菜10克

🍶 **辅料**

白糖0.5克，盐0.5克，鸡粉0.5克，黑胡椒碎0.5克，黄油8克，生粉10克，草莓酱20克

• 大厨有话说

人体如果缺乏铁元素的话，就容易导致患上缺铁性贫血，而鹅肝中的含铁量丰富，适当地食用鹅肝可以使皮肤看起来红润。此外，鹅肝还能补充维生素A，能保护眼睛，维持正常视力。

🍗 **做法**

1 吐司切块，备用；鹅肝洗净，备用；苦苣生菜洗净，撕成小段；黄色小番茄切瓣，备用。

2 鹅肝装碗，放入鸡粉、白糖、盐、黑胡椒碎，抹匀腌制20分钟，再拍上生粉，备用。

3 锅中倒入黄油，加热至融化，放入吐司，使其裹上黄油，小火煎至表面酥脆，盛出吐司，装盘备用。

4 锅中放入法国鹅肝，小火煎至一面焦黄，翻面，将另一面也煎至焦黄，剩余两边也按此方法翻动，煎至焦黄，盛出法国鹅肝，将其放在煎好的吐司上，再淋入草莓酱，用苦苣生菜、黄色小番茄点缀即可。

日式茶碗蒸

🕐 烹饪时间：16分钟

🐟 主料

鸡蛋100克，香菇50克，鸡胸肉50克，虾仁20克

🍶 辅料

生抽3毫升，料酒5毫升，柠檬汁5毫升，水700毫升

> • 大厨有话说

　　香菇应选择菇面向内微卷、并有花纹，颜色乌润，菇底呈白色的购买。

🐟 做法

1 鸡胸肉洗净，切成薄片；香菇洗净，去柄，切成薄块，开十字花刀。

2 虾仁装碗，加入柠檬汁，拌匀，腌制15分钟。

3 将鸡蛋打入碗中，加入生抽、料酒，搅拌成蛋液，加入100毫升水拌匀，过筛。

4 取一茶碗，在碗底放入鸡肉片，将蛋液倒入碗中，再放上切好的香菇块。

5 锅中倒入水，放上蒸帘，煮沸，放上茶碗，盖上锅盖，小火蒸8分钟至熟透。

6 揭盖，放入虾仁，大火蒸3分钟即可。

日式关东煮

🕐 烹饪时间：37分钟

🐟 主料

鸡蛋100克，鸡肉小香肠100克，脆皮肠100克，牛肉丸100克，鱼丸100克，海带结100克，香菇50克，油豆腐50克

🧂 辅料

关东煮料包50克，盐1克

• 大厨有话说 ▷

　　关东煮是日本人喜爱的小吃，本名御田，是一种源自日本关东地区的料理。通常材料分别放在互不相通的铁格子锅里，用海带木鱼花熬制的高汤小火慢煮，煮好后可以吃原味的，也可以蘸芥末酱或辣椒酱。

🐟 做法

1　香菇切十字花刀；用竹签将其余食材穿成串。

2　锅中倒水烧开，放入鸡蛋煮熟，捞出沥干，剥壳，穿成串，备用。

3　锅中倒入1500毫升水，放入关东煮料包、盐，煮至沸腾。

4　放入鸡蛋、鸡肉小香肠、脆皮肠、牛肉丸、鱼丸、海带结、香菇、油豆腐，盖上锅盖，小火炖煮30分钟，取出即可。

越南春卷

🕐 烹饪时间：9分钟

🐟 主料

净虾仁120克，猪肉泥100克，春卷皮6张，胡萝卜80克，黄瓜80克，生菜50克，红彩椒50克，黄彩椒50克，鸡蛋50克，柠檬20克，秋葵20克

🍶 辅料

姜10克，蒜10克，盐5克，泰式甜辣酱20克，白糖5克，鱼露15毫升，橄榄油15毫升

🐟 做法

1 将胡萝卜去皮，切丝；黄瓜切丝；生菜切丝；红彩椒切丝；黄彩椒切丝；秋葵切片；姜切末；蒜切末；肉末放入容器中，加入鸡蛋、1克盐，拌匀腌制10分钟。

2 容器中倒入白糖、鱼露，挤入柠檬汁，调匀制成蘸酱；春卷皮放入温水中，浸泡5秒后，取出铺平待用。

3 锅中倒入水烧开，放入胡萝卜丝、虾仁、红彩椒、黄彩椒、秋葵，加入盐，大火煮熟，捞出。

4 锅中倒油烧热，放入蒜末、姜末，炒香，放入肉末，快速并不断翻炒均匀，盛出；将浸泡好的春卷皮铺平，根据自己的喜好添加食材，将春卷皮的一边卷起来，再分别折起左右两边的春卷皮，封好口，蘸食泰式甜辣酱、鱼露蘸酱即可。

海鲜意大利面

🕐 烹饪时间：6分钟

🐟 主料

意大利面80克，基围虾100克，青口贝80克，芝士片20克，欧芹5克

🍶 辅料

白洋葱30克，蒜20克，盐3克，黑胡椒碎1克，白葡萄酒100毫升，橄榄油38毫升

• 大厨有话说

　　选购洋葱时，要挑表面干燥、包卷紧密的。

🐟 做法

1 基围虾开背，去虾线，洗净；白洋葱切末；欧芹切碎；蒜切末。

2 青口贝装碗，加入600毫升水，滴入3毫升橄榄油，浸泡吐沙，再用刷子洗净，开壳，备用。

3 锅中倒入水烧开，放入意大利面，加入2克盐、5毫升橄榄油，煮至变软，捞出沥干，备用。

4 锅中倒入30毫升橄榄油烧热，放入蒜末、白洋葱末，爆香，放入青口贝、基围虾，翻炒均匀。

5 倒入白葡萄酒，倒入100毫升水，炖煮2分钟。

6 放入意大利面、1克盐、黑胡椒碎，炒匀收汁，加入芝士片炒匀，放入欧芹碎，炒匀即可。

酥脆蝴蝶虾

🕐 烹饪时间：6分钟

🐟 主料

基围虾400克，面包糠100克，鸡蛋100克

🍶 辅料

盐2克，白胡椒粉1克，黑胡椒粉1克，食用油600毫升

> ● 大厨有话说 >

　新鲜的虾肉紧实细嫩，有弹性。

🥄 做法

1 基围虾去头，去壳至第五节，留虾尾，开背，去虾线，洗净待用。

2 基围虾装盘，加入盐、白胡椒粉，拌匀，腌制15分钟。

3 取一空碗，打入鸡蛋，打散，备用。

4 将腌好的基围虾取出，先沾上蛋液，再裹匀面包糠，备用。

5 锅中倒油烧热，放入基围虾，炸至呈金黄色。

6 盛出基围虾，撒上黑胡椒粉即可。

西班牙海鲜饭

🕐 烹饪时间：21分钟

🐟 主料 ────

大米100克，青口贝100克，对虾200克，黄彩椒30克，青豆30克，番茄55克，培根30克，鱿鱼20克，玉米粒20克，欧芹10克，藏红花1克

🍶 辅料 ────

洋葱10克，蒜10克，盐2克，黑胡椒碎1克，黄油10克

◆ 大厨有话说 ▷

　　青口贝即翡翠贻贝，渤海部分地区又称其为"海虹"，干制后即为"淡菜"。其营养丰富，含蛋白质、脂肪、糖类、无机盐，以及各种维生素、碘、钙、磷、铁等微量元素和多种氨基酸，有补肝肾、益精血、助肾阳的功效。

🐟 做法 ────

1 番茄洗净，切丁；黄彩椒洗净，切丁；欧芹洗净，切碎；培根切片；鱿鱼切小块；洋葱切粒；蒜切末；大米加入水浸泡3小时，备用。

2 锅烧热，倒入黄油加热至融化，放入蒜末、洋葱粒爆香，放入培根、青豆、玉米粒、黄彩椒丁中火炒香。

3 放入浸泡好的大米炒均匀，放入400毫升水及盐、藏红花、番茄，盖上锅盖，煮10分钟。

4 揭盖，放入青口贝、对虾、鱿鱼、黑胡椒碎，盖盖继续煮10分钟，再揭盖，放入欧芹碎即可。

番茄芝士焗饭

🕐 烹饪时间：8分钟

🐟 主料

米饭150克，番茄120克，鸡蛋50克，豌豆50克，玉米粒20克，洋葱20克，午餐肉20克

🫙 辅料

马苏里拉芝士碎40克，番茄酱30克，盐3克，食用油30毫升

• 大厨有话说

焗是一种西餐技艺，较于其他的烹饪手法，焗更能保留食物的原汁原味，更能挖掘食物的营养价值。番茄含有对心血管具有保护作用的维生素和矿物质元素，能减少心脏病的发作。

🥄 做法

1 番茄去皮，切丁；洋葱切碎；午餐肉切小片。

2 锅中倒水烧开，放入豌豆、玉米粒，焯水3分钟，捞出沥干，备用。

3 取一空碗，放入米饭，打入鸡蛋，加入番茄丁、豌豆、玉米粒，再加入盐，拌匀，备用。

4 锅中倒油烧热，放入洋葱碎，爆香。

5 放入拌好的米饭，再淋入番茄酱，翻炒均匀。

6 加入午餐肉片、马苏里拉芝士碎，盖上锅盖，小火焖煮3分钟至芝士融化，盛出装盘即可。

紫菜包饭

🕐 烹饪时间：3分钟

🐟 **主料** ——————

米饭300克，胡萝卜120克，黄瓜100克，火腿肠100克，鸡蛋50克，干紫菜10克，白芝麻1克

🍶 **辅料** ——————

盐1克，食用油10毫升

· **大厨有话说** ·

　　要选根粗大、心细小，质地脆嫩、外形完整的胡萝卜。胡萝卜中含有大量的维生素A。维生素A是骨骼正常生长发育的必需物质，对促进青少年的生长发育具有重要意义。

🐟 **做法** ——————

1 胡萝卜、黄瓜、火腿肠分别洗净，切细条。

2 取一空碗，打入鸡蛋，加入盐，拌匀，备用。

3 取卷席，铺上干紫菜，先均匀地铺上一层米饭，再平铺上胡萝卜、黄瓜、火腿肠。

4 锅中倒油烧热，放入鸡蛋液，转动锅子，小火摊成饼状，待鸡蛋液凝固后，翻面，继续将另一面煎至定型，盛出，均匀地铺在菜上，将干紫菜卷起，切成数小段，撒入白芝麻，装盘即可。

稻荷寿司

🕐 烹饪时间：6分钟

🐟 **主料**

油炸豆腐150克，熟米饭50克，熟白芝麻2克，海苔香松5克

🍶 **辅料**

寿司醋3毫升，高汤300毫升

> **• 大厨有话说 ▷**

　　油豆腐中的营养物质全面，两小块油豆腐可以满足一个人一天对钙的需求，油豆腐中含有果中钙王"酸角"，对于牙齿及骨骼的生长发育有益；其含有丰富的植物雌激素，可预防骨质疏松；其含有大豆卵磷脂以及丰富的优质蛋白，有益于神经、血管以及大脑的生长发育，可以增强免疫力，强身健体。

🐟 **做法**

1 将油炸豆腐用擀面杖擀至松软。

2 熟米饭装碗，加入寿司醋、熟白芝麻，拌匀。

3 锅中倒入高汤，煮至沸腾，放入油炸豆腐，煮至熟软。

4 将油炸豆腐捞出，一边切去一小部分，用勺子压出空洞，使其成为一个开口的盒子状，再将拌好的米饭逐个装入其中，逐个点缀上海苔香松，装盘即可。

蒜蓉虾仁意大利粉

🕐 烹饪时间：5分钟

🐟 主料

意大利粉80克，虾仁80克，洋葱20克，欧芹5克

🍶 辅料

蒜30克，盐2.5克，黑胡椒碎1克，橄榄油45毫升，白葡萄酒5毫升

• 大厨有话说 •

意大利粉具有高密度、高蛋白质、高筋度等特点，其制成的意大利面通体呈黄色、耐煮、口感好。

🐟 做法

1 蒜切末；洋葱切末；欧芹切末。

2 虾仁装碗，加入0.5克盐、白葡萄酒，腌制15分钟。

3 锅中倒入水烧开，放入意大利粉，煮10分钟，捞出沥干，备用。

4 锅中倒入15毫升橄榄油烧热，放入虾仁，炒至虾肉变红，盛出。

5 锅中倒入30毫升橄榄油烧热，放入蒜末、洋葱，爆香，放入煮好的意大利粉，加入欧芹和虾仁，翻炒均匀。

6 放入2克盐、黑胡椒碎，炒匀，盛出装盘即可。

韩式炸酱面

🕐 烹饪时间：14分钟

🐟 **主料** —————

鲜面条250克，五花肉80克，胡萝卜30克，土豆50克，黄瓜20克

🧂 **辅料** —————

韩式春酱30克，盐2克，生抽10毫升，食用油15毫升

• **大厨有话说**

　　面条的主要营养成分有蛋白质、脂肪、碳水化合物等；面条易于消化吸收，有改善贫血、增强免疫力、平衡营养吸收等功效。

🐟 **做法** —————

1. 五花肉去皮，切0.5厘米大小的小丁；胡萝卜切0.3厘米大小的小丁；土豆切0.3厘米大小的小丁；黄瓜切丝。

2. 锅中倒水烧开，放入鲜面条，煮5分钟至熟，捞出沥干。

3. 锅中倒油烧热，放入五花肉丁，煸炒至出油，放入胡萝卜丁、土豆丁，继续翻炒。

4. 放入韩式春酱、盐、生抽，炒匀，再倒入250毫升水，小火炖煮10分钟，盛出；将黄瓜丝放入面条中，再淋入炒好的酱，拌匀即可。

泰式冬阴功汤

🕐 烹饪时间：7分钟

🐟 主料

虾50克，椰浆80毫升，白贝80克，青口贝80克，鱿鱼60克

🍶 辅料

小米椒10克，番茄50克，姜20克，柠檬20克，柠檬叶0.3克，盐1克，白糖2克，鸡粉1克，鱼露10毫升，白醋30毫升，冬阴功酱60克，食用油15毫升

• 大厨有话说

　　泰式冬阴功汤是泰国的国汤，味道酸辣，"冬阴"是酸辣的意思，"功"是虾的意思，翻译过来其实就是酸辣虾汤。

🐟 做法

1　鱿鱼洗净，先打上花刀再切段；柠檬切半月片；生姜切片；柠檬叶切条；番茄切块；小米椒切圈。

2　锅中倒水烧开，放入白贝、青口贝煮至开口，再放入鱿鱼、虾，焯水2分钟，捞出沥干备用。

3　锅中倒油烧热，放入姜片、柠檬片、柠檬叶、番茄、小米椒，炒出香味。

4　放入冬阴功酱、盐、鸡粉、白醋、鱼露、白糖，炒匀。

5　放入400毫升水，煮至沸腾，放入青口贝、虾、鱿鱼、白贝，中火煮2分钟至入味。

6　加入椰浆，拌匀增香，盛出即可。

法式南瓜浓汤

🕐 烹饪时间：21分钟

🐟 主料

南瓜300克，土豆80克，洋葱10克，干欧芹碎1克

🫙 辅料

盐2克，胡椒粉1克，肉蔻粉1克，淡奶油5毫升，橄榄油15毫升

● 大厨有话说

    南瓜中含有丰富的多糖类物质，南瓜多糖能够提升人体的免疫能力，因为南瓜多糖是非特异性免疫增强剂，能够促进生成细胞因子，因此能够调节免疫系统。

🐟 做法

1 南瓜去皮，切成小块；土豆切成小块；洋葱切片。

2 锅中倒油烧热，放入洋葱，爆香。

3 放入南瓜、土豆，炒匀，放入1克盐、550毫升温水，盖上锅盖，小火炖煮10分钟。

4 盛出食材，倒入破壁机中，捣成泥状的南瓜汤。

5 将南瓜汤倒入锅中，小火煮片刻。

6 放入1克盐、胡椒粉、肉蔻粉、干欧芹碎，拌匀调味，盛出，装入碗中，再淋入淡奶油即可。

韩式大酱汤

🕐 烹饪时间：18分钟

🐟 主料

豆腐250克，蛤蜊200克，土豆200克，西葫芦150克，金针菇100克，胡萝卜50克

🍶 辅料

韩式大酱40克，韩式辣酱20克，淘米水760毫升

• 大厨有话说

　　豆腐含铁、钙、磷、镁等人体必需的多种微量元素，还含有糖类、植物油和丰富的优质蛋白，常食可补中益气、清热润燥、生津止渴、清洁肠胃。

🐟 做法

1. 豆腐切成2厘米大小的方块；金针菇去根，撕开；土豆去皮，切成1厘米大小的小块；西葫芦切半月片；胡萝卜去皮，切片。

2. 蛤蜊装碗，倒入500毫升水，浸泡10分钟，捞出沥干，备用。

3. 取一空碗，放入韩式大酱、韩式辣酱、60毫升淘米水，拌匀成酱汁，备用。

4. 锅中倒入700毫升淘米水，倒入调好的酱汁，煮至沸腾。

5. 放入土豆块，盖上锅盖，中火煮7分钟至半熟。

6. 揭盖，放入豆腐块、金针菇、胡萝卜、西葫芦，煮至沸腾，再放入蛤蜊，煮至开口，盛出即可。

浓情意式海鲜汤

🕐 烹饪时间：12分钟

🐟 主料

基围虾60克，蛤蜊70克，蛏子70克，青口贝50克，扇贝肉40克，洋葱30克，胡萝卜30克，番茄30克，西芹30克，黄彩椒30克

🍶 辅料

番茄酱40克，白糖1克，盐3克，鸡粉1.5克，黑胡椒粉1克，白葡萄酒30毫升，食用油300毫升

🐟 做法

1 蛤蜊、蛏子、青口贝加水、2克盐，浸泡30分钟；基围虾开背，洗净；洋葱切细丝；胡萝卜切1厘米大小的丁；番茄去皮，切1厘米大小的丁；西芹切粒；黄彩椒去籽，切丁；蒜切片。

2 锅中倒油烧热，放入基围虾，大火炸至变色，盛出。

3 锅底留30毫升油加热，放入洋葱丝，爆香，放入西芹、胡萝卜、彩椒丁、番茄丁，继续翻炒，加入番茄酱、黑胡椒粉，炒匀，放入基围虾、白葡萄酒，炒匀。

4 倒入500毫升水，放入蛤蜊、蛏子、扇贝肉、青口贝，炖煮2分钟，放入1克盐、白糖、鸡粉，炒匀即可。

法式鲜虾浓汤

🕐 烹饪时间：19分钟

🐟 **主料**

基围虾300克，番茄200克，白洋葱100克，胡萝卜60克，面粉8克，柠檬片5克，欧芹5克

🍶 **辅料**

番茄酱15克，盐2克，白胡椒粉1克，黄油30克，鲜奶油20克，白葡萄酒10毫升

┌ **大厨有话说** ┐

　　基围虾所含的维生素A、胡萝卜素和无机盐含量比较高，而脂肪含量不但低，且多为不饱和脂肪酸，能预防动脉粥样硬化和冠心病。

🐟 **做法**

1 基围虾去壳及虾头，留虾尾，开背去虾线，洗净；番茄切小块；白洋葱切碎；胡萝卜切片；欧芹切碎。

2 锅中倒入10克黄油，加热至融化，放入虾头、虾皮、白洋葱，炒香，加入胡萝卜、番茄、欧芹碎、番茄酱，炒匀，加入500毫升水。

3 中火焖煮8分钟，放入柠檬片、盐，拌匀。

4 小火炖煮2分钟，盛出，滤出原汤汁，备用。

5 锅中倒入20克黄油，加热至融化，放入面粉炒匀，再加入100毫升水，拌匀，倒入原汤汁，炖煮至汤汁浓稠。

6 加入鲜奶油、白胡椒粉、白葡萄酒，拌匀，煮至沸腾，放入虾仁，煮至虾仁熟透即可。

蛋炒饭

🕐 烹饪时间：9分钟

🐟 **主料**

米饭300克，鸡蛋3个，基围虾150克，胡萝卜50克，青豆50克，玉米粒50克

🧂 **辅料**

葱10克，盐3克，白胡椒粉1克，玉米淀粉1克，生抽15毫升，食用油55毫升

• **大厨有话说**

　　鸡蛋含有丰富的蛋白质、脂肪、维生素和铁、钙、钾等人体所需要的矿物质，蛋白质为优质蛋白，对肝脏组织损伤有修复作用。

🐟 **做法**

1　基围虾去壳，去头，挑出虾线，洗净备用；胡萝卜洗净，切小丁；青豆、玉米粒洗净，备用；葱切葱花。

2　取一空碗，倒入米饭，打入3个鸡蛋，抓匀，备用；将虾仁装碗，放入1克盐、白胡椒粉、玉米淀粉，拌匀，腌制15分钟。

3　锅中倒入15毫升油烧热，倒入胡萝卜，中火翻炒，倒入青豆、玉米粒，继续翻炒，放入2克盐，炒匀，盛出；锅中再倒入10毫升油，倒入虾仁，小火炒至变色，盛出虾仁，装盘备用。

4　锅中倒入30毫升油烧热，倒入裹好了鸡蛋液的米饭，中火翻炒至米饭散开，倒入生抽，炒匀上色，加入炒好的胡萝卜、青豆、玉米粒、虾仁，翻炒均匀，撒入葱花即可。

南瓜小米粥

🕐 烹饪时间：35分钟

🐟 **主料** —————
南瓜100克，小米60克，枸杞2克

🍶 **辅料** —————
冰糖20克

> ● 大厨有话说 >

　　选购南瓜时要挑选外形完整，最好是瓜梗蒂连着瓜身的，这样的南瓜新鲜。南瓜切开后，可将南瓜子去掉，用保鲜袋装好后，放入冰箱冷藏保存。

🍴 **做法** —————

1　南瓜去皮，洗净，切成1厘米大小的方块；枸杞洗净。

2　小米洗净，装碗，倒入300毫升冷水，浸泡15分钟；锅中倒入600毫升水，放入南瓜，蒸熟，取出。

3　另起锅，倒入600毫升水，放入泡好的小米，盖上锅盖，中火煮30分钟，煮至软烂。

4　揭盖，放入熟南瓜、冰糖，小火熬至融化，撒入枸杞，关火，盛出即可。

家常酸辣粉

🕐 烹饪时间：6分钟

🐟 主料

干红薯粉条70克，酸豆角20克，小米椒10克，香菜10克

🍶 辅料

熟花生米10克，葱10克，蒜瓣20克，白糖3克，盐2克，生抽15毫升，米醋30毫升，辣椒油15毫升，食用油15毫升

• 大厨有话说 ▷

红薯粉可以帮助我们补充钾元素，还可以起到维持正常血压和保护心脏的效果，对我们保护好心血管有好处。

🍗 做法

1 小米椒切圈；酸豆角切粒；香菜切碎；葱切葱花；蒜瓣切末。

2 干红薯粉条装碗，倒入温水500毫升，泡发1小时左右后捞出沥干，备用。

3 取一空碗，倒入小米椒、蒜末、白糖、盐、生抽、米醋、辣椒油，拌匀，调成味汁，备用。

4 锅中倒入500毫升水、15毫升油，煮沸，倒入调好的味汁，放入粉条，拌匀，大火煮至熟透入味，撒入葱花、香菜、酸豆角粒、熟花生米，盛出即可。

干炒牛河

🕐 烹饪时间：6分钟

🐟 **主料**

河粉300克，牛肉100克，韭黄50克，黄豆芽50克，蛋清20克，香菜10克

🍶 **辅料**

玉米淀粉5克，苏打粉1克，白胡椒粉1克，白糖3克，盐2克，鸡粉2克，蚝油5克，生抽20毫升，老抽5毫升，料酒10毫升，食用油60毫升

> • **大厨有话说**
>
> 　　牛肉不要炒太久，否则会变老，从而影响口感。牛肉富含蛋白质、碳水化合物、氨基酸等营养元素，有补中益气、滋养脾胃、强健筋骨等功效。

🐟 **做法**

1　黄豆芽切除根部，洗净备用；韭黄切除老根，切段备用；牛肉逆纹切成薄片；香菜洗净，切段。

2　牛肉片装碗，倒入苏打粉、玉米淀粉、蚝油、料酒、蛋清，拌匀，腌制15分钟；取一空碗，倒入白胡椒粉、白糖、盐、鸡粉、生抽、老抽，拌匀，调成味汁，备用。

3　锅中倒入15毫升油烧热，放入黄豆芽，翻炒片刻，盛出备用；锅中倒入15毫升油烧热，放入牛肉片，滑炒至变色，盛出备用。

4　锅中倒入30毫升油烧热，放入河粉，大火翻炒片刻，放入牛肉片、黄豆芽、韭黄，炒匀，放入调好的味汁，炒匀，撒入香菜段即可。

土家酱香饼

🕐 烹饪时间：7分钟

🐟 **主料**

中筋面粉300克，白芝麻1克

🫙 **辅料**

葱10克，豆瓣酱10克，白糖2克，
盐1克，孜然粉2克，花椒粉2克，
食用油30毫升

◆ 大厨有话说 ▷

　　用保鲜膜封住，可以更快更好地
让饧面过程结束。土家酱香饼好吃的
关键在于酱料，在制作酱料时可以根
据个人口味加入辣椒酱和辣椒油。

🍴 **做法**

1 葱切葱花；面粉装碗，加入盐、100毫升温水，
揉成光滑面团，盖上保鲜膜，常温饧面30分钟。

2 将面团分成3团，取一团置于案板上，擀成圆饼
状，在面饼表面刷一层油，再将其卷起来。

3 将面卷一分为二，取其一拧成毛巾状，再压扁，
擀成圆饼状，备用。

4 锅中倒入15毫升油烧热，放入豆瓣酱、白糖、孜
然粉、花椒粉、30毫升温水，小火煮沸，盛出。

5 锅中倒入15毫升油烧热，放入面饼，小火煎至一
面熟透。

6 翻面，将另一面也煎至熟透，盛出，刷上炒好的
酱料，再撒上白芝麻和葱花即可。

肉酥饼

🕐 烹饪时间: 7分钟

🐟 **主料** ————
中筋面粉300克，肉末50克

🍶 **辅料** ————
葱10克，盐3克，十三香1克，蚝油10克，生抽10毫升，食用油85毫升

┌─ • **大厨有话说** ▷
揉面团时要注意力度，如果用力揉搓、摔打，面团就会产生大量面筋，影响口感。

饼

🐟 **做法** ————

1 葱切葱花；取一空碗，加入260克中筋面粉，分次放入180毫升水，拌匀成棉絮状，再揉成光滑的面团，表面刷上5毫升油，盖上保鲜膜，饧面30分钟；再取一空碗，加入40克中筋面粉、1克盐、30毫升油，拌匀，制成油酥备用。

2 肉末装碗，加入葱花、生抽、蚝油、十三香，拌匀成馅料，备用。

3 取出面团，擀成长条，表面抹上油，再均匀地分为若干个大小均匀的剂子，取一个剂子擀成薄皮，表面抹上油酥，再放入适量馅料，边卷边收口，卷成团状，压扁；再将剩余的面剂子按上述方法制成饼坯，备用。

4 锅中倒入30毫升油烧热，放入饼坯，煎至一面金黄，翻面，将另一面也煎至金黄，盛出后再将剩余的饼坯按上述烹饪方式煎好即可享用。

肉丝卷饼

🕐 烹饪时间：6分钟

🐟 主料

面粉300克，猪里脊肉200克，鸡蛋100克，黄瓜120克

🧂 辅料

大葱45克，甜面酱30克，姜5克，白糖5克，盐2克，食用油90毫升

• 大厨有话说

这种薄饼还可以从中间揭开，塞入炒好的土豆丝，别有一番风味。

🐟 做法

1 黄瓜洗净，切丝；大葱洗净，10克切末，35克切丝；姜切末；猪里脊肉洗净，切丝；取一空碗，打入鸡蛋，加入1克盐，打散；肉丝装碗，加入1克盐、20毫升蛋液，拌匀，再淋入10毫升食用油，抓匀备用。

2 面粉装碗，倒入160毫升开水，拌匀，揉成光滑的面团，用保鲜膜盖住，饧面2小时；取出发酵好的面团，分成若干个面团剂子，依次按扁，刷上一层食用油，然后将两个剂子合在一起，依次用擀面杖将合在一起的剂子擀成薄饼，在薄饼表面依次刷上一层蛋液。将剩余面团按上述方法制成薄饼生坯，待用。

3 锅中倒入30毫升油烧热，放入大葱末、姜末，爆香，放入肉丝，炒至变色，放入白糖、甜面酱，炒匀，盛出备用。

4 锅中倒入15毫升油烧热，将刷好了蛋液的薄饼面朝下放入锅中，朝上一面也刷上蛋液，中火煎制片刻，翻面，继续煎制，待饼鼓起来，盛出。将剩余的薄饼按上述烹饪方式煎制，食用时裹上炒好的肉丝、黄瓜丝、大葱丝，卷起来即可享用。

双笋小饼

🕐 烹饪时间：9分钟

🐟 主料

米饭100克，鸡蛋150克，鸡腿肉50克，春笋25克，莴笋25克，胡萝卜15克

🍶 辅料

盐0.5克，鸡粉1克，生抽5毫升，食用油30毫升

• 大厨有话说

　　蛋液可以多搅拌一会，这样味道会更棒。鸡蛋含有蛋白质、卵磷脂、卵黄素、胆碱、维生素B$_2$、硒、锌等营养成分，具有提高记忆力、健脑益智、保护肝脏等功效。

🐟 做法

1 鸡腿肉去骨，切小丁；春笋、莴笋、胡萝卜切丁。

2 鸡肉丁装碗，加入鸡粉、盐、生抽、10毫升食用油，拌匀，备用。

3 锅中倒入水烧开，放入春笋、胡萝卜，焯水30秒后捞出沥干，备用。

4 米饭装碗，打入鸡蛋，加入拌好的鸡肉丁，再加入春笋丁、莴笋丁、胡萝卜丁，抓匀成米糊，备用。

5 锅中倒入20毫升油烧热，放入适量米糊，并修整成一个个圆饼状，煎至一面金黄。

6 翻面，将另一面也煎至金黄，盛出装盘即可。

饼

早餐蛋饼

🕐 烹饪时间：6分钟

🐟 主料

鸡蛋150克，番茄100克，玉米粒60克，面粉40克

🍶 辅料

盐2克，食用油30毫升

• 大厨有话说 ▷

　　鸡蛋是一种营养非常丰富、老少皆宜的常用食品。挑选鸡蛋时应以蛋壳光滑完整、无沙点，且晃动时声音较小者为佳。储存时鸡蛋要大头朝上，小头朝下，这样可以使蛋黄上浮后贴在气室下面，防止微生物侵入蛋黄。

🥄 做法

1 番茄切十字花刀，倒入开水300毫升，焯烫去皮，再切小粒。

2 取一空碗，打入鸡蛋，搅散，加入面粉、番茄粒、玉米粒、盐、30毫升水，拌匀成面糊，备用。

3 锅中倒油烧热，放入备好的面糊，转动锅子，小火煎，使其摊成圆饼状。

4 翻面，将另一面也煎至定形，盛出即可。

甜酒银耳汤圆

🕐 烹饪时间：8分钟

🐟 主料 ———————

小汤圆300克，甜酒酿150毫升，
干银耳3克，枸杞5克

🍶 辅料 ———————

冰糖30克

> ● 大厨有话说 ▷

　　银耳最好是用冷水泡。用热水泡
木耳和银耳，不仅不易充分发开，口
感还会绵软发黏，其中不少营养成分
都会被溶解。

🥄 做法 ———————

1 银耳装碗，倒入温水300毫升，泡发后捞出，洗净撕
  小朵；枸杞装碗，倒入300毫升温水，洗净后捞出沥
  干，备用。

2 锅中倒入600毫升水，放入银耳，煮至沸腾。

3 放入甜酒酿、冰糖，煮至冰糖溶化。

4 放入汤圆，继续煮至汤圆浮起，撒入枸杞，盛出即可。

187

鲜肉汤圆

🕐 烹饪时间：11分钟

🐟 主料 —————
糯米粉150克，肉末120克，香菜10克

🍶 辅料 —————
葱10克，姜10克，白糖2克，十三香1克，香油3毫升

• 大厨有话说 ▶

糯米含有丰富的B族维生素，可美容养颜。

🍴 做法 —————

1 香菜切小段；葱切葱花；姜切末。

2 肉末装碗，加入葱花、姜末，再加入白糖2克、十三香1克、香油3毫升拌匀成肉馅，搅打上劲，备用。

3 碗中倒入糯米粉，加入30毫升开水，再加入90毫升凉水，搅拌均匀，揉成面团，搓成长段，分成若干个小剂子，擀成薄薄的圆饼状，用大拇指压出一个坑，放入适量肉馅，包好，搓成汤圆胚子，备用。

4 锅中倒水煮沸，放入汤圆，煮至汤圆浮起，继续再煮6分钟，撒入香菜即可。

韭菜鲜肉煎饺

🕐 烹饪时间：14分钟

🐟 主料

中筋面粉180克，五花肉150克，韭菜100克

🍶 辅料

盐2克，五香粉1克，鸡粉2克，蚝油10克，生抽10毫升，食用油75毫升

• 大厨有话说

　　韭菜中的含硫化合物具有降血脂及扩张血管的作用。此外，这种化合物还能使黑色素细胞内的酪氨酸系统功能增强，从而改变皮肤毛囊的黑色素，消除皮肤白斑，并使头发乌黑发亮。

🐟 做法

1 取一大碗，放入中筋面粉，加入1克盐，分次倒入110毫升温水，和匀成棉絮状，再揉成面团，用保鲜膜覆盖起来，静置饧面30分钟。

2 五花肉切片，剁成末；韭菜切碎。

3 猪肉馅加入1克盐、鸡粉、蚝油、五香粉、生抽、30毫升油，拌匀，加入韭菜，拌匀成馅料。

4 将面团揪成若干个小剂子，依次擀平，包入馅料，捏成饺子。

5 锅中倒入45毫升油烧热，放入饺子，中火煎至其底部焦黄，倒入45毫升水。

6 盖上锅盖，继续小火煎制7分钟即可。

三鲜馅饺子

🕐 烹饪时间：18分钟

🐟 **主料** ——————
肉末100克，饺子皮150克，鲜虾仁150克，马蹄50克

🍶 **辅料** ——————
盐2克，鸡粉1克，白糖2克，生粉5克，水500毫升

• 大厨有话说

　　选购马蹄时，应买外形完整、无软坑、无瘢痕的。

🐟 **做法** ——————

1 马蹄切碎；虾仁切小段。

2 肉末装碗，加入马蹄碎、鲜虾仁，再加入盐、鸡粉、生粉，拌匀成肉馅，备用。

3 将饺子皮在手掌中摊开，放入适量肉馅，两面合拢，包成饺子坯子，备用。

4 锅中倒水，放上蒸帘，煮至沸腾，放入制好的三鲜饺子，盖上锅盖，蒸12分钟至饺子熟透即可。

水煎包

🕐 烹饪时间：17分钟

🐟 **主料** —————

低筋面粉250克，肉末100克，韭菜30克

🍶 **辅料** —————

大葱15克，姜5克，葱10克，盐2克，鸡粉1克，十三香1克，蚝油5克，生粉5克，泡打粉5克，酵母粉2克，白糖50克，水淀粉30毫升，食用油30毫升

```
• 大厨有话说 ⟩
```
　　在煎制包子时，水不要加太多，要盖上锅盖焖一会儿。

🥄 **做法** —————

1 韭菜切碎；大葱切末；姜切末；葱切葱花。

2 肉末装碗，加入盐、鸡粉、十三香、蚝油、生粉，再加入韭菜、姜末、大葱末，拌匀成肉馅，备用。

3 面粉装碗，加入泡打粉、酵母粉、白糖、50毫升水，拌成棉絮状，揉成光滑的面团，备用。

4 将面团分成若干个小剂子，用擀面杖将其擀成圆形包子皮，摊开，放入适量馅料，包成小包子，备用。

5 锅中倒油烧热，放入小包子，中火煎至底部焦黄，加入100毫升水，盖上锅盖，小火煎煮6分钟。

6 揭盖，加入水淀粉，小火煮5分钟至底部水分完全蒸发，撒入葱花，盛出即可。

大肉包子

🕐 烹饪时间：17分钟

🐟 主料

低筋面粉250克，肉末300克，酵母粉3克，泡打粉3克

🍶 辅料

小葱30克，大葱20克，白糖35克，盐1克，鸡粉2克，蚝油10克，老抽3毫升，十三香1克，生粉5克，椰浆15克，香油5毫升

• 大厨有话说

酵母粉可以先用20毫升温水化开，再倒入面粉中，这样发酵效果会更好。

🐟 做法

1 小葱切末；大葱切末；肉末装碗，倒入葱花、大葱末，加入鸡粉、盐、蚝油、老抽、香油，搅拌均匀，再放入十三香、生粉，拌匀成肉馅，备用。

2 取一空碗，倒入面粉，加入酵母粉、泡打粉、白糖，再倒入120毫升温水、椰浆，拌匀，揉成光滑的面团，备用。

3 将面团揉成长条形，分成若干个大小均匀的剂子，按扁，揉成中间厚边缘薄的包子皮，把包子皮在手掌中摊开，放入适量肉馅，依次制成若干肉包坯子，喷上水，盖上保鲜膜，发酵40分钟备用。

4 锅中倒水烧开，放入盛有包子的蒸盘，大火蒸12分钟至包子熟透，关火，焖5分钟再取出即可。

奥利奥盆栽

🕐 烹饪时间：12分钟

🐟 主料

奥利奥饼干50克，蛋清60克，九层塔2克

🍶 辅料

白糖10克，热牛奶100毫升，柠檬汁5克

◆ 大厨有话说 ▷

　　这道奥利奥盆栽中，蛋清加上牛奶就能蒸出小蛋糕的风味，这也是烹饪方式上的一种创新。

🐟 做法

1 奥利奥饼干去除夹心，压碎成颗粒粉末，备用。

2 蛋清装碗，加入柠檬汁、热牛奶，搅拌均匀，加入白糖，搅拌均匀，过筛装入蒸碗中，备用。

3 锅中倒水烧开，放上盛有牛奶糊的蒸碗，盖上锅盖，中火蒸8分钟至牛奶糊熟透。

4 关火，等待3分钟之后揭盖，取出牛奶糊，撒入奥利奥粉末，再插上九层塔点缀即可。

网红 酸奶蛋糕

🕐 烹饪时间：27分钟

🐟 主料

鸡蛋100克，面粉30克，葡萄干3克

🍶 辅料

白糖15克，浓酸奶200克，生粉5克，食用油5毫升

• 大厨有话说

挑选鸡蛋时，可观察蛋壳。蛋壳上附着一层霜状粉末，蛋壳颜色鲜明，气孔明显的是鲜蛋；陈蛋正好与此相反，并有油腻感。

甜品

🐟 做法

1 取一空碗，打入鸡蛋，加入白糖、酸奶、生粉、面粉，搅拌成无颗粒装的细糊，备用。

2 取一个长15厘米、宽7厘米的蒸碗，刷上油，再倒入拌好的细糊，撒入葡萄干，备用。

3 将装有食材的蒸碗用保鲜膜盖住，再在保鲜膜上扎孔，备用。

4 锅中倒水烧开，放上蒸碗，再盖上锅盖，中火蒸20分钟至蛋糕熟透，关火，等待5分钟后再揭盖，取出，稍凉后切块即可。

芒果班戟

🕐 烹饪时间：5分钟

🐟 主料
芒果300克，鸡蛋100克，低筋面粉55克

🍶 辅料
黄油10克，白糖45克，生粉30克，淡奶油200毫升，牛奶180毫升

• 大厨有话说 ›
芒果中的维生素C和矿物质在预防高血压和防止动脉硬化方面也有一定的作用，高血压的人群日常吃些芒果可以起到降压的效果。

🐟 做法

1. 芒果对半剥开，划十字花刀，取出果肉，切小粒；将黄油隔水融化，备用。

2. 取一空碗，打入鸡蛋，加入黄油、牛奶、25克白糖，再筛入低筋面粉，拌匀，再过筛两次至细腻顺滑无颗粒状的鸡蛋糊。

3. 另取一空碗，加入淡奶油、20克白糖，打发至提起有小尖勾。

4. 锅烧热，放入约1/6的鸡蛋糊，推平，翻面，将另一面也煎至凝固，取出小饼，稍晾凉后装盘，放入冰箱冷藏30分钟，再取出，抹上适量打发好的奶油，再铺上芒果粒，折叠成荷包的形状即可。依次按此方法做完剩下的鸡蛋糊。

芒果糯米糍

🕐 烹饪时间：25分钟

🐟 主料

糯米粉150克，芒果250克，牛奶120毫升，椰浆80毫升

🍶 辅料

糖粉45克，椰蓉20克，黄油15克，玉米淀粉10克

◆ 大厨有话说 ▷

　　芒果有生津止渴、益胃止呕、利尿止晕的功效。芒果能降低胆固醇，常食有利于防治心血管疾病，有益于视力，能润泽皮肤。芒果中含有丰富的维生素A，而维生素A在维护正常视觉功能的同时，对于人体肌肤有良好的保护作用，因而常吃芒果可以使肌肤保持良好的弹性。

🐟 做法

1 芒果对半剥开，划十字花刀，取出果肉，切丁；黄油隔热水融化。

2 取一个容器，倒入牛奶、玉米淀粉、椰浆，用手动打蛋器混合均匀至无颗粒。

3 将糯米粉、糖粉筛入碗中，拌匀至无颗粒，即成面糊，加入融化好的黄油，搅拌匀至面糊细腻。

4 取一蒸盘，倒入面糊，用保鲜膜封好，用牙签扎孔。

5 锅中倒水烧开，放上蒸盘，大火蒸20分钟，取出。

6 将面糊揉成面团，分成多份，压成中间厚周边薄的圆饼，裹上剩余的糖粉，放上芒果肉，合口，搓成圆球形，裹上椰蓉即可。

炸南瓜丸子

🕐 烹饪时间：14分钟

🐟 **主料**

南瓜150克，糯米粉200克，面包糠30克

🍶 **辅料**

白糖50克，食用油610毫升

· 大厨有话说

南瓜含有淀粉、蛋白质、胡萝卜素、B族维生素、维生素C和钙、磷等成分，其含有的多种矿质元素，如钙、钾、磷、镁等，都有预防骨质疏松和高血压的作用。

🐟 **做法**

1 南瓜掏出瓜瓤，切大块，放入蒸盘中。

2 锅中加水，放上装有南瓜的蒸盘，大火蒸10分钟，取出，待冷却后，将南瓜捣成南瓜泥。

3 南瓜泥中加入白糖、糯米粉、10毫升油，拌匀，揉成团。

4 将揉好的团分成若干个大小均匀的剂子，依次将剂子揉圆。

5 在剂子上沾点儿水，裹上面包糠。

6 锅中倒入600毫升油烧热，放入南瓜丸子，中火炸至丸子表面金黄，捞出南瓜丸子，控油，放凉即可。

娘惹甜汤

🕐 烹饪时间：26分钟

🐟 主料 ━━━━━━

红薯80克，紫薯80克，芋头80克，西米20克

🍶 辅料 ━━━━━━

盐1克，白糖40克，椰浆150毫升

> ● 大厨有话说

　　红薯和牛奶、西米等食材一起煮制，有健脾、美容养颜等功效。另外，煮好后的西米直接放入凉水或是冰水中，既可保持西米弹牙又可以避免粘成一团。

🐟 做法 ━━━━━━

1 红薯去皮，切小块；紫薯去皮，切小块；芋头去皮，切小块。

2 锅中倒水烧开，放入西米，煮至透明后捞出浸泡在凉水或冰水中，防止结块。

3 取三个蒸碗，分别放入红薯丁、紫薯丁、芋头丁。

4 锅中倒水烧开，放上蒸架，再放上蒸碗，加盖，蒸20分钟至熟透，取出。

5 锅中倒入200毫升水、椰浆、白糖、盐，拌匀，中火煮沸。

6 放入蒸熟的红薯、紫薯、芋头和西米，拌匀，煮至入味即可。

时蔬烩圆子

🕐 烹饪时间：22分钟

🐟 主料
山药100克，紫薯100克，胡萝卜20克，小白菜10克

🍶 辅料
盐0.5克，白糖2克，鸡粉0.5克，藕粉70克，牛奶10克，水淀粉5毫升，食用油15毫升

• 大厨有话说 ▷

山药中除了含有淀粉酶和植物蛋白以外，还含有多种对人体有益的矿物质和维生素。除此以外，黏蛋白也是山药中最重要的存在，这种物质不单能调节血糖，预防血糖升高，还能清除血管壁上的胆固醇与脂肪，能预防血管老化，更能提高身体免疫力。

🐟 做法

1 山药去皮，切段；紫薯洗净去皮，一分为二；胡萝卜切丁；小白菜切丝；将30克藕粉装碗，加入80毫升水，调成藕粉水备用。

2 锅中倒水，放上装有山药和紫薯的蒸盘，盖上锅盖，大火蒸20分钟，蒸至山药和紫薯熟透。

3 取出山药和紫薯，分别捣成泥状，在紫薯泥中加入牛奶，再各自加入20克藕粉，拌匀成团，再捏成若干个直径2厘米的小圆子，备用。

4 锅中倒入油烧热，放入胡萝卜丁，翻炒片刻，放入400毫升水、盐、白糖、鸡粉、藕粉水、水淀粉，拌匀，略煮一会儿，放入小白菜丝，拌匀，放入备好的小圆子，轻轻搅动，中火略煮一会儿，盛出即可。

番茄味噌汤

🕐 烹饪时间：13分钟

🐟 主料 ────────

番茄150克，冻豆腐100克，上海青50克，泡发紫菜2克

🍶 辅料 ────────

葱10克，味噌30克，食用油30毫升

• 大厨有话说 ▷

　　番茄含有丰富的抗氧化剂。抗氧化剂可以防止自由基对皮肤的破坏，具有明显的美容抗皱的效果。

🥄 做法 ────────

1 番茄洗净，切小块；冻豆腐切3厘米大小的方块；上海青洗净，切丝；葱切葱丝。

2 锅中倒油烧热，放入番茄，小火翻炒至出汁。

3 倒入700毫升水，放入冻豆腐，盖上锅盖，大火炖煮7分钟。

4 揭盖，放入上海青、紫菜和味噌，再炖煮片刻，撒入葱丝，搅匀，盛出装碗即可。

家常胡辣汤

🕐 烹饪时间：9分钟

🐟 主料

豆腐200克，火腿肠60克，鸡蛋50克，香菇30克，包菜30克，豌豆30克，泡发木耳30克，香菜10克

🍶 辅料

葱10克，姜10克，盐2克，鸡粉2克，胡椒粉5克，水淀粉80毫升，生抽15毫升，老抽5毫升，香醋5毫升，食用油15毫升

• 大厨有话说

　　豆腐含有丰富的钙质，能够通过补充钙而达到预防骨质疏松的作用，对预防骨质疏松，防治腰腿痛和腰膝酸软方面的作用非常明显。

🐟 做法

1 豆腐洗净，切成方块；包菜切片；火腿肠切丝；香菇切片；木耳切丝；香菜切段；葱切葱花；姜切末；鸡蛋打散，加入1克盐，拌匀，备用。

2 将1克盐、生抽、老抽、香醋拌匀，调成酱汁。

3 锅中倒油烧热，放入葱末、姜末，爆香，倒入800毫升水，加入豌豆、包菜、香菇、木耳，大火炖煮3分钟，放入豆腐、火腿肠。

4 倒入胡椒粉、鸡粉，拌匀，煮2分钟至入味。

5 倒入鸡蛋液，再倒入调好的酱汁，拌匀调味。

6 倒入水淀粉，拌煮至汤汁浓稠且再次沸腾，撒入香菜段，盛出即可。

银耳养生汤

🕐 烹饪时间：51分钟

🐟 **主料**

干银耳10克，枸杞2克

🍶 **辅料**

黄冰糖5克，盐1克，高汤400毫升

> • 大厨有话说

　　银耳富含维生素D、蛋白质、钙、磷、铁、钾、钠、镁、硫等营养成分。此外，其还含有海藻糖、多缩戊糖、甘露醇等肝糖，营养价值很高，是一种高级滋养补品。

🐟 **做法**

1 干银耳装碗，倒入温水500毫升，泡发后去蒂，摘成小朵，洗净，捞出沥干，备用。

2 枸杞装碗，倒入水100毫升，泡发后捞出沥干，备用。

3 将泡发的银耳装入蒸碗，倒入高汤、盐、黄冰糖、枸杞，拌匀，备用。

4 锅中倒水烧开，放上蒸碗，盖上锅盖，中火蒸50分钟至银耳发软入味，取出蒸碗即可。

菠菜猪肝汤

🕐 烹饪时间：4分钟

🐟 主料
猪肝250克，菠菜70克

🍶 辅料
姜10克，蒜瓣15克，盐3克，鸡粉2克，白胡椒粉1克，生粉10克，料酒15毫升，食用油15毫升

> **• 大厨有话说**
>
> 　　猪肝含蛋白质、脂肪、碳水化合物、钙、磷、铁、锌、硫胺素、核黄素等营养元素，且含有的丰富的维生素A具有维持正常生长和生殖机能的功能。

🍴 做法

1. 猪肝洗净，切片；菠菜洗净，切段；姜切丝；蒜瓣切片。

2. 取一空碗，放入猪肝，加入1克盐、生粉、料酒，拌匀，腌制15分钟。

3. 锅中倒入水烧开，倒入猪肝，搅匀至猪肝变色后立即捞出沥干，备用。

4. 锅中倒油烧热，放入姜丝、蒜片，爆香，倒入500毫升水，大火煮沸。

5. 放入2克盐、鸡粉、白胡椒粉，拌匀。

6. 放入菠菜、猪肝，略煮入味，盛出即可。

牛肉冬瓜汤

🕐 烹饪时间：20分钟

🐟 主料

冬瓜300克，牛肉150克，红枣15克，桂圆干10克

🍶 辅料

葱10克，姜10克，盐2克，生粉5克，生抽10毫升，料酒10毫升，食用油30毫升

• 大厨有话说

　　牛肉含蛋白质、脂肪、维生素B₁、维生素B₂、钙、磷、铁等，还含有多种特殊的成分，如肌醇、黄嘌呤、次黄质、牛磺酸、氨基酸等，可增强人体免疫力，促进蛋白质的新陈代谢和合成，从而有助于紧张训练后身体的恢复。

🍴 做法

1 冬瓜去瓤，洗净，切小块；牛肉切片；红枣洗净，备用；葱切葱花；姜切片。

2 取一空碗，倒入牛肉，加入姜片、生粉、生抽、料酒，拌匀，腌制15分钟。

3 锅中倒油烧热，放入腌好的牛肉片，翻炒至牛肉变色。

4 倒入450毫升水，加入红枣、桂圆干，盖上锅盖，炖煮2分钟。

5 待汤色变白后，揭盖，倒入冬瓜块，加入盐，盖上锅盖，小火炖煮15分钟。

6 揭盖，撒入葱花，盛出即可。

番茄牛肉汤

🕐 烹饪时间：20分钟

🐟 主料

番茄250克，牛肉100克，胡萝卜50克，洋葱50克

🍶 辅料

姜10克，盐1克，鸡粉2克，蚝油5克，生抽5毫升，食用油30毫升

• 大厨有话说

　　牛肉性平，味甘，归脾、胃经，可补脾胃、益气血、强筋骨，对虚损羸瘦、消渴、脾弱不运、癖积、水肿、腰膝酸软、久病体虚、面色萎黄、头晕目眩等病症有食疗作用。

🐟 做法

1　番茄洗净，切十字花刀，用500毫升开水焯烫，待凉后去皮，切丁；牛肉切小丁；胡萝卜切丁；洋葱切丁；姜切片。

2　锅中倒入冷水，放入牛肉丁、姜片，烧开，焯水1分钟，捞出沥干，备用。

3　锅中倒油烧热，放入牛肉丁、胡萝卜丁、洋葱丁，中火翻炒出香味。

4　放入盐、鸡粉、蚝油、生抽，翻炒均匀。

5　再倒入500毫升水，加盖，大火炖煮至沸腾。

6　揭盖，倒入番茄丁，拌匀，盖上锅盖，小火炖煮15分钟，出锅即可。

鸭血粉丝汤

🕐 烹饪时间：8分钟

🐟 主料
鸭血100克，干粉丝40克，熟鸭胗40克，油豆腐20克，香菜10克

🫙 辅料
姜5克，盐2克，白胡椒粉1克，陈醋15毫升，辣椒油15毫升

> ● 大厨有话说

　　鸭血中含有丰富的蛋白质及多种人体不能合成的氨基酸，所含的红细胞素和维生素K含量也比较丰富，能促使血液凝固，达到止血的作用。

🍗 做法

1 熟鸭胗切片；鸭血切片；香菜切段；姜切丝；碗中放入干粉丝，倒入温水，泡发后捞出沥干，备用。

2 锅中倒入500毫升水，放入鸭血、油豆腐，盖上锅盖，大火炖3分钟至鸭血熟透。

3 揭盖，加入粉丝、熟鸭胗，中火炖3分钟至沸腾。

4 放入姜丝、盐、白胡椒粉、陈醋、辣椒油，拌匀，撒入香菜，盛出即可。

汤品

丝瓜蛤蜊汤

🕐 烹饪时间：6分钟

🐟 **主料**

丝瓜160克，蛤蜊300克

🍶 **辅料**

姜10克，盐3克，黄酒10毫升，食用油15毫升

• 大厨有话说 •

蛤蜊含有蛋白质、脂肪、碳水化合物、铁、钙、磷、碘、维生素、氨基酸和牛磺酸等多种成分；此外，蛤蜊肉中的维生素B_{12}含量也很高，对贫血的抑制有一定作用。

🔪 **做法**

1 蛤蜊装碗，倒入600毫升冷水，加入1克盐，待蛤蜊吐尽泥沙后，洗净。

2 丝瓜去皮，切滚刀块；姜切丝。

3 锅中倒油烧热，放入姜丝，爆香，放入蛤蜊，加入黄酒，翻炒均匀，倒入500毫升水，炖煮2分钟。

4 倒入丝瓜，加入2克盐，盖上锅盖，大火炖煮2分钟，待蛤蜊全部开口后，关火，撒入葱花即可。

番茄鱼丸
豆腐汤

🕐 烹饪时间：17分钟

🐟 **主料**

番茄240克，鱼丸150克，豆腐150克

🍶 **辅料**

葱10克，姜10克，蒜瓣10克，盐3克，鸡汁10毫升，水淀粉15毫升，食用油30毫升

▶ **大厨有话说** ▷

　　鱼丸由鱼肉制成，含有丰富的蛋白质。鱼肉的肌纤维较短，肌球蛋白和肌质蛋白之间结构疏松，易被人体消化吸收。

🐟 **做法**

1. 番茄洗净，切小块；豆腐切3厘米大小的方块；葱切葱花；姜切末；蒜瓣切末。

2. 锅中倒油烧热，放入姜末、蒜末，爆香，放入番茄，炒至变软。

3. 放入鱼丸，倒入500毫升水，盖上锅盖，大火煮至沸腾。

4. 揭盖，放入豆腐煮沸，再加入盐、鸡汁，盖上锅盖，小火炖煮10分钟，揭盖，倒入水淀粉，拌匀，撒入葱花后盛出即可。

209

鲫鱼豆腐汤

🕐 烹饪时间：37分钟

🐟 主料

小鲫鱼250克，嫩豆腐250克，番茄60克

🍶 辅料

葱20克，姜10克，盐2克，白胡椒粉1克，鸡粉2克，料酒10毫升，食用油30毫升

◆ 大厨有话说

　　鲫鱼含有丰富的硒元素，经常食用可抗衰老、养颜，而且鲫鱼肉嫩而不腻，还能开胃、滋补身体。

🐟 做法

1 将处理好的鲫鱼两面分别切一字花刀；嫩豆腐切方块；番茄切瓣；葱洗净，葱白切段，葱叶切葱花；姜去皮，切片。

2 锅中倒入油烧热，放入鲫鱼，煎至一面呈金黄色。

3 翻面，先煎制一会儿，再放入姜片、葱白段，一起煎出香味且呈金黄色。

4 倒入1000毫升开水，淋入料酒，盖上锅盖，小火炖煮20分钟，至汤汁呈奶白色。

5 揭盖，放入嫩豆腐块、番茄块，盖上锅盖，煮8分钟至入味。

6 揭盖，加入白胡椒粉、盐、鸡粉，拌匀，再煮一会儿，撒上葱花，盛出即可。

紫菜虾皮汤

🕐 烹饪时间：4分钟

🐟 主料
鸡蛋100克，干紫菜2克，虾皮5克

🍶 辅料
葱20克，盐2克，香油5毫升

• 大厨有话说

　　紫菜中含有丰富的钙、铁元素，不仅是治疗妇女和儿童贫血的优良食物，而且可以促进儿童和老人的骨骼、牙齿生长和保健。

🍴 做法

1. 取一空碗，打入鸡蛋，打散，备用；取一空碗，放入虾皮，倒入水，泡发后洗净，捞出沥干，备用。

2. 取一空碗，放入紫菜，倒入300毫升水，泡发后洗净，捞出沥干，备用；葱切葱花。

3. 锅中倒入600毫升水烧开，放入虾皮和紫菜，大火煮出鲜味。

4. 倒入蛋液，不要搅拌，加入盐，继续炖煮，待蛋液凝固后，加入葱花，倒入香油，盛出即可。

海带冬瓜汤

🕐 烹饪时间：8分钟

🐟 主料 ────────

冬瓜300克，海带150克，虾仁30克

🧂 辅料 ────────

葱10克，姜10克，盐2克，鸡粉2克，白胡椒粉1克，食用油15毫升

• 大厨有话说 ▷

海带含有丰富的微量元素，其中的甘露醇是一种很强的利尿剂，有消水肿的作用，有利于保护肝脏。海带中含有较多的碘，既可以预防大脖子病，又可使头发润泽。

🐟 做法 ────────

1 冬瓜切片；海带切丝；葱切葱花；姜切片。

2 锅中倒油烧热，放入冬瓜，中火翻炒一会儿，放入海带丝，翻炒均匀。

3 放入500毫升水，加入姜片，盖上锅盖，煮至沸腾，放入虾仁，继续炖煮。

4 煮至冬瓜透明后，加入盐、鸡粉、白胡椒粉，拌匀，撒入葱花，出锅即可。